笛卡尔论气象

原著者：René Descartes

译　者：陈正洪　叶梦姝　贾　宁

审　校：高学浩　贾　宁　陈正洪

U0346949

气象出版社

China Meteorological Press

内 容 简 介

本书忠实翻译了笛卡尔（René Descartes）原著中关于气象学的论述。在 17 世纪，笛卡尔天才般地构想出解释气象现象的科学解释，包括对水、气、盐、风、云、雨、雪、冰雹、闪电、彩虹乃至天体光晕等等的阐述，根据他亲自观察和诸多头脑中的"理想实验"，以"微粒"等基本概念阐述了笛卡尔对自己哲学观点和气象现象的认识。笛卡尔对于气象学的解释与今天大不一样，但对于今天的气象科学技术发展乃至哲学都有很多独特启发。

本书可以作为气象科技工作者研究大气科学技术历史和气象科技创新的参考，也可以供哲学社会科学等学者、研究生及感兴趣读者阅读。

图书在版编目(CIP)数据

笛卡尔论气象 ／（法）笛卡尔著；陈正洪，叶梦姝译. -- 北京 ：气象出版社，2016.10
ISBN 978-7-5029-6400-9

Ⅰ.①笛… Ⅱ.①笛… ②陈… ③叶… Ⅲ.①气象学-研究 Ⅳ.①P4

中国版本图书馆 CIP 数据核字（2016）第 216700 号

Nom de l'œuvre originale：René Descartes
Nom de l'auteur original：DISCOURS DE LA MéTHODE Pour bien conduire sa raison，et chercher la vérité dans les sciences plus La Dioptrique，Les Météores et La Géométri
Le livre，qui a été publié en 1637，ouvre son droit d'auteur au public. Sa traduction s'est fondé sur la version 1987 de Fayard.
Traduit par：CHEN Zhenghong，YE Mengshu，JIA Ning

出版发行：气象出版社
地　　址：北京市海淀区中关村南大街 46 号　**邮政编码：**100081
电　　话：010-68407112(总编室)　010-68409198(发行部)
网　　址：http://www.qxcbs.com
E-mail：qxcbs@cma.gov.cn
责任编辑：王元庆　　　　　　　　　　**终　　审：**邵俊年
责任校对：王丽梅　　　　　　　　　　**责任技编：**赵相宁
封面设计：博雅思
印　　刷：北京京科印刷有限公司
开　　本：710 mm×1000 mm　1/16
字　　数：100 千字　　　　　　　　**印　　张：**11.25
版　　次：2016 年 11 月第 1 版　　　　**印　　数：**1～4000
印　　次：2016 年 11 月第 1 次印刷
定　　价：32.00 元

序言：
回归史境，细读笛卡尔对气象学的理解

法国哲学家笛卡尔是对当代世界产生重大影响的哲学家之一，同时也是著名的数学家和物理学家。若再细分笛卡尔做出成就的重要领域，他对气象学的贡献也是具有开创性的。在气象学史的研究中，笛卡尔的贡献并未得到广泛关注，这或许与他所处的时代有关，那是现代科学仍处于奠定基础的阶段，气象学这类应用学科在理论上还难以取得突破性的进展。

今日人们再细读笛卡尔关于气象问题的论述，会发现他所涉及的"气象学"与今日的"大气科学"相比较，在内涵与外延上都有很大不同。因此，对于当代人而言，要想真正理解这本《笛卡尔论气象》，读懂他的重要贡献，就应回归史境，从贴近笛卡尔所处时代的角度来认识他所阐述的气象学。因此，在当今背景下，重新审视笛卡尔气象学，并不是要看其对当下气象学的影响，而是关注笛卡尔对他所处时代的气象学发展产生的影响，站在 17 世纪的视角而不是 21 世纪的视角去解读笛卡尔。

在笛卡尔看来，气象学像折光学、天文学一样，都是物理学下面的一个分支,能够用来反映他的哲学思想。通过分析研究气象,笛卡尔希望为自然现象寻找到一个更为合理的、符合机械论哲学的解释,这个解释不需要以上帝的意志作为前提假设。如在彩虹这一常见的大气现象中,笛卡尔认为彩虹的形成是由于有了阳光和水汽这些自然条件,并非如《圣经》所描述的是上帝向人类暗示洪水退去的信号。关于彩虹的形成是《笛卡尔论气象》中非常重要的一个内容,由于笛卡尔深厚的数学和物理学基础,他比较正确地阐述了折射现象,并算出了彩虹的高度角在 $42°$ 和 $52°$ 之间。和折射定律的另一位发现者施奈尔不同的是,笛卡尔没有通过物理实验,而是通过基本物理原则推导出了这个定律,笛卡尔假设:光是微小坚硬的粒子,如同小球落在硬地面上要比落在软床上滚得远一样,光在水和玻璃中,要比在"松软"的空气中受到的阻力小,因此,光粒子在入水之后,加快了其在水平方向上的速度。这个解释在今天看来显然还缺少科学上的严谨性,笛卡尔是先通过"直觉"猜出了折射定律,再想办法解释这个结论。但是这种直觉思维在那个时代是很了不起的。

在笛卡尔的时代研究气象学,无法回避的一个问题就是要面对与被奉为权威的亚里士多德气象学的冲突。笛卡尔此书,很大程度就是试图摆脱亚里士多德气象学思想的束缚。如亚里士多德认为,一切物质均有自然的倾向,特定的性质,有些物质本身就具有向上的特性,因此会上升,有些物质具有热性,因此是热的。而笛卡尔的气象学是建立在机械论自然观基础上的,就是像解释一台机器一样去解释这个世界的运转。在法文版 *Principia Philosophiae* 的前言中,笛卡尔说,所有的哲学像一棵树,它们的根基是形而上学,主干是物理学,其余各门科学都是分支,是从物理学中走出来的,比如医学、力学、伦理学。笛卡尔认为,物质等同于广延,是无限可分的,所有现象都来源于微小粒子的机械运动;所有的微小粒子本质上是相同的,只有形状、大小和运动速度的差别。

笛卡尔希望摆脱亚里士多德关于气象学问题的解释,但仍然把天气气候现象原理的解释诉诸物质理论和形而上学思想。这条路后来被证明是不够全面的,因为大气科学属于实用性科学,和数学、物理等基础科学相比有所差异。由于存在广泛的需求,对天气现象的认识在实践中不断得到积累,并取得了大量经验性、概述性的成就,但从学科关系上来看,缺少数学、物理等学科的有力支撑,气象学很难独立构成自身的学科体系。因此,在 19 世纪末数学、物理、化学等基础科学革命基本完成,物质结构基本理论建立之后,气象学乃至今天意义上的整个大气科学才在此基础上不断取得突破性进展。

从科学技术史角度看,笛卡尔时代对气象学的研究反映了博物学传统和实用主义传统。从英国哈里斯(John Harris)1704 年编成出版的《技术辞典》中可以看出,在 18 世纪初,气象学和植物学、动物学、博物学属于一类科学,自然哲学和物理学则是另一类,化学单独作为一类。因为这一时期,气象学的主要研究方法是描述与分类,在这个传统下,对云的分类命名、气旋的分类等,都是 18 世纪博物学传统下气象学研究取得的卓越成就。实用主义传统对现代大气科学的真正成长有很大帮助。钱伯斯(Ephraim Chambers)1728 出版的《百科全书》开创了追溯人类知识来源与发展历程的实用主义百科全书传统,他把气象学纳入"可感知现象的自然科学"知识,除了气象学,还包括水文学、地质学、植物学和动物学等,在钱伯斯的观念中,因为地理学和天文学的研究目的分别是为了航海贸易和历法计年,属于目的性十分明确的实用知识和技能。

科技史上,大气现象和对其解释吸引了众多天才学者,比如亚里士多德、达·芬奇、伽利略、笛卡尔、傅里叶、道尔顿等很多大科学家都对气象发展做出贡献。尽管这些贡献在其对照整个科学的贡献中不是主体,但是他们的思想、方法、基础理论等为气象学的研究提供了重要的支撑。复杂多变的大气现象为他们在数学、物理学与化学等基础科学方面的研究提供了素材,而他们的研究成果,又反过来为历史上的大气科学的理论进步提供了基础,笛卡尔即是如此。

除了在对气象学研究方面的成就,笛卡尔在科学方法论上建树也很值得称道。1637 年,笛卡儿完成了《折光学》《气象学》和《几何学》三篇论著,并为此写了一篇序言《科学中正确运用理性和追求真理的方法论》,简称《方法论》。本译著正是对其中《气象学》论述的翻译。笛卡儿试图以这三种科学研究为例,证明他方法论的正确性,进一步证明他实证主义的哲学观点。笛卡儿在《方法论》中提出了四条认识客观世界的原则:首先,要尽量避免轻率判断,即使对待"权威说法"也要保持怀疑的态度;第二,遇到复杂问题时,可以把它分解为一系列简单的问题;第三,要按照次序认识并解决系列问题,逐步回溯到原始的复杂问题;第四,要尽量全面细致地考虑问题,确信准确无误。在现代人看来,这是最基础和浅显的原则,但是对于从中世纪走来的西方世界来说,抛弃宗教学说的桎梏、睁开双眼认识自然,则是非常大的突破。即便是在当今世界,笛卡尔提出的这些认识客观世界的基本原则也未必不会与一些通常的做法与规则产生冲突。

中国气象局气象干部培训学院的气象科技史研究团队的同志们,在业余时间翻译出版这本著作,很有意义,拓展了研究气象科技史的领域,增加了从哲学视角看待气象科学技术历史发展的研究方法,这或许也是一种"气象科技史研究的方法论"。300 多年前笛卡尔留给后人的哲学思想和气象学思想仍值得今人进一步研究和提炼。

（许小峰）

2016 年 9 月

目　录

第一章

陆上物体的本质

出于人类的本性，比起高度与我们相同或者比我们更低的事物，我们对高于自己的事物更加敬仰。尽管天上的云没有一些山峰高，甚至有时会低于教堂的塔尖，但由于我们必须举目仰望天空才能看它们，所以会把它想象得非常高远。诗人和画家把云塑造成为上帝的宝座，想象上帝在云上用手开启和关闭着风的运动之门，在花草上播撒露水，让闪电劈向岩石。所以在这里，我希望以一种不会令人感到惊奇的方式去解释云及从云中降落下来的物体的本质，那样我们就有理由相信，地球上最受仰慕的一切事物，我们都能够找到它们产生的原因。

在第一章，我要先概括地说明一下陆地上物体的本质，这样在第二章我就可以更好地阐述水蒸气及蒸散物。由于这些来自海水的水蒸气有时会在其表面形成盐分，我应该借此机会描述一下盐，看看我们是否能确定这些物质的构成，包括哲学家们认为元素配比完美的地球物质,以及元素配比不完美的陨石物质。然后探讨风的形成,即在空气中被推动的水蒸气运动;以及云的本质,即把水蒸气集中在特定位置。然后解释这些云是如何消散的,即什么导致了雨、冰雹和雪——当然不会遗漏比例完美的小六角星形雪粒(尽管前人已经观察到,然而这仍然是大自然最罕见的奇迹)。我也不会遗漏风暴、响雷、闪电以及其他在天空被点燃的火花或是看到的火光。我尤其要准确描述彩虹,解释其颜色以便我们能够理解一切其他事物当中的颜色的本质。在其中我还要加入对我们通常在云及恒星外围光辉中观察到颜色的成因阐释,最后则是幻日或幻月出现的原因。

鉴于对这些事物的认识是基于据我所知至今尚未被准确地做出解释的一般自然法则,我首先要运用一定的假说,就像我在《折光学》当中做的那样。但是我将尝试把它们变得简单容易,以便使大家在我即使未对它们进行论证的情况下能够不困难地接受它。

 ## 水、土壤、空气和其他物体都由很多微粒组成

首先,我假定水、土壤、空气以及其他一切我们周围的此类物质是由大量不同形状和尺寸的微粒组成的,这些微粒并非规则排列,也不是聚合在一起,微粒之间没有太大间隔。

所有上述物体都遍布孔隙，这些孔隙被细微物质填满

并且我认为这些间隔空间不是真空的，而是填满了非常微小的物质，正是通过这些物质光的行为得到传播，就像我在《折光学》中解释的那样。

组成水的微粒是细长的、完整的、光滑的

其次，我认为，组成水的微粒是细长的、完整的、光滑的，就像小鳗鱼。正因如此，不论它们怎样结合与交错，永远不会因此而联结在一起难以分离。

其他大多数物体的微粒犹如树枝，成多种不规则形状

另一方面，几乎所有的土壤和空气微粒以及其他大部分物体的微粒都有着非常不规则和粗糙的形状，所以它们只要轻微缠结就能够彼此联结在一起，就像丛生于篱栅的灌木枝。

这类枝体，交织组合在一起，形成坚固的物体

当微粒以这种方式结合在一起的时候，便构成诸如

土壤、木头等硬质的物质。

 当它们交织得并不紧密,或者不太重,被细微物质移动,它们就形成油状物或者是空气

然而假如它们仅是简单的叠放在一起而没有任何的相互交错(或者仅有轻微的交错),或者它们微粒过于轻微,会因为周围细微物质的扰动而移动和分离,它们会占据一个非常大的空间,并构成非常稀薄和轻质的流体,比如油和空气。

 细微物质时刻在运动

再者,我们需要考虑到这些物质微粒孔隙间充满的细微物质有这样一个性质,就是它们在永不停歇地做着高速、不规则的运动,但并非在所有时间和位置都是同样的速度。

 细微物质在近地面的地方比在云中运动得更快,近赤道比近极地运动得更快,夏天比在冬天运动得快,白天比夜间运动得快

相反,一般情况下,这些细微物质在地表的运动速度略高于其远在云端的运动速度,向赤道方向的运动速度高于向两极方向的运动速度,而且,即使在同一地点,夏季较冬季运动速度快,白昼较夜晚运动速度快。如果我们假设,光就是光源推动这些细微物质在向各个方向做直线运动的一种行为,正如《折光学》中所叙述阐述的那样,那么上述现象的原因就非常明显了。根据这个假说,太阳的光线,不论是直射的还是反射的,对这些细微物质的扰动必然是白昼强于黑夜,夏季强于冬季,赤道地区强于极地地区,地表强于高空。

 最小的物体扰动其他物体的力量也小

在此我们必须考虑到这些细微物质是由不同部分组成,尽管它们都很细小,然而当中总有一些较大的颗粒,这些较大的——更准确地说是不那么小的颗粒——当被同样地扰动的时候,总是有更大的力量,正如所有大的物体一般都比小的物体更有力量。

 最小的颗粒往往出现在细微物质扰动最剧烈的地方

这意味着细微物质的颗粒越粗,或者说较大颗粒的含量越多,它扰动其他物质微粒的能力就越强。这就是为什么通常情况下,细微物质颗粒最粗的地方,或粗大颗粒较多的时候,扰动最为剧烈,比如地表比高空剧烈、赤道地区比极地地区剧烈、夏季比冬季剧烈、白昼比夜晚剧烈。原因是其最重的部分有最大的力量,它们能够更容易地运动到那些由于更剧烈的扰动,而更易于使它们继续其运动的地方。不过,总是会存在一部分混进这些大颗粒微粒的十分细小的物质。

 当小微粒不能够从物体中穿过,就会使得这些物体冷却下来

值得注意的是,所有的地球物质都存在大量的孔隙,这些细微物质可以穿过这些孔隙,然而仍然有很多物质由于其孔隙太窄或位于物质内部,而不能容纳一些最大的细微物质颗粒;这些通常就是我们触摸起来甚至接近就会感觉到冷的物质。因此,由于大理石和金属比木头感觉起来冷,我们就认为它们的孔隙不是十分容易容纳细微物质,由于冰感触起来更冷,所以它的孔隙比大理石或者金属更不易容纳这些细微物质颗粒。

 怎样感知加热或冷却

在此我认为,关于热和冷,我们只需考虑物体被我们触碰到的那部分微粒,当它们被细微物质的颗粒或者任何可能的其他因素扰动同时,也不同程度地扰动了我们触觉器官神经上的微粒。当它们对神经微粒的扰动加强时,我们就会产生热的感觉;当它们的扰动减弱时,我们就会产生凉的感觉。

固体物质如何被加热

因而我们就很容易理解,尽管这些细微物质不会像分割水以及其他液体那样去分割犹如交错灌木枝的固体的各部分,它仍然会根据其运动强度与微粒大小或多或少地扰动或搅拌它们,就好像风摇曳篱栅上灌木的枝条但并不会移动它们。

为什么水在平常状态下是液体,寒冷的状态下会变成固体

至于其他物体,我们认为这些细微物质的扰动力与其物体微粒的抗力比值是这样的:当此物体微粒被扰动的力度不小于其通常在地面附近所受到扰动的力度时,它就有能力去扰动这些微粒并使它们相互分离,甚至有能力使组成滑动的水的大部分微粒弯折,使其变成液态。但是当物体微粒只受到微弱的扰动,或者物体微粒不如其或在高空或在冬天地表细小的时候,细微物质就没有力量弯折和扰动它们。这是物质微粒停止运动的原因之一,随机地相互结合并层叠在一起并因此形成固体,比如冰。因此你可以想象两群小鳗鱼——活的或死的,其中一群漂浮在满是破洞的渔船中,河水可通过破

洞,并扰动着小鳗鱼,另一群小鳗鱼干燥僵硬冰冷地躺在岸边,它们之间的区别同水与冰的区别是类似的。

 为什么即使是在夏天冰也可以保持低温,为什么冰融化时不会像蜡一样变软

由于只有在其微粒间的细微物质比一般情况下更加细小的情况下,水才会冻结。因此可以推断,这样形成冰的孔隙,只能容下这种极其细小的细微物质。所以即使在夏季,冰仍然十分寒冷;并且由于热量只能渗透到冰融化成液态的表层,所以冰会一直保持坚硬而不会像蜡一样,在融化时逐渐变软。

 组成烈酒或白兰地①的微粒性质

另外在此值得注意的是,正如我前面所阐述的,在这些组成水的长而光滑的微粒当中,它们大多数在其周围细微物质的作用力下弯折或平直。但是还有一部分较大的细微物质不以这种方式弯折,它们形成盐。还有另外一些较小的微粒,它们总是弯折的并且永远不会冻结,它们形成烈酒或白兰地。

---

① 原文为 Eaux De Vie,一种用蒸馏技术得到的纯净、无色的水果味法国白兰地,一般从葡萄、水果、草本植物和谷类提取。大体上可以包括白兰地(葡萄)、伏特加(谷物)以及纯正度数很高的杏子酒、苹果酒、梨酒、和樱桃酒(水果)等。译者注。

为什么水冰冻之后会膨胀

当温度降低,水的微粒停止继续弯折的时候,它们最自然的形状并不总是如树苗一样挺直的,很多情况下是以不同形式弯折的。由此可以断定,为使细微物质有足够能量使其弯折,这些微粒很难被排列在一个小范围的空间内,并使其适应彼此形状。而当引起弯折的力量较大时,会导致微粒在更大面积内重新扩张。

 为什么沸水比其他温度的水冰冻得更快

我们可以通过实验证明这一点,如果我们在烧杯或者其他长直颈的容器中装满热水,并将其放置在寒冷空气中;水位会明显缓慢下降,直到水冷却到一定温度,在此之后再膨胀上升,直到完全冻结。因此最初能使其收缩的同一种寒冷温度后来会使其膨胀。通过实验还能看出,长时间处于热的状态下的水冷却得更快,因为其中最不容易弯折的部分在加热时就蒸发了。

组成物体的最小微粒不能理解为原子，除了一些不在一个数量级的小微粒之外，大部分是可见的，在这里也不需要拒绝传统自然哲学，以便于对这些论述内容的理解

但是为了便于大家接受这个假说，理解我并不是把地球物质的微粒看作是原子或不可分割的粒子，而是认为其都是由相同的物质组成，我相信每一个粒子都可以被以无穷方式再分割，它们之间的区别就好比在同一岩石上削下的不同形状的石块之间的区别。然后也理解我为了不引起与其他哲学家们的争论，并且不想否定我已经做出结论之外的其他关于物体本质的设想，例如实体形式、真实质量以及其他类似的设想；但是似乎在我看来，我的解释应该更加得到认可，因为它们依赖于更精确的事实或假设。

第二章

水汽和其他蒸散物

 太阳如何使地面上的微粒上升到空气中

由于太阳或其他类似原因，地上物质孔隙中的细微物质有时受到的扰动比平时剧烈得多，这就导致细微物质对物体微粒的扰动也更加剧烈。如果你考虑到这点，你就不难理解物质微粒的运动是如何引起的。那些粒子非常小，从形状和位置上你能很容易就能把它们和它周围区分开，它们在此处聚集，又在别处分散开，逐渐上升到空中。它们上升并不是由于本身具有某种特殊的向上运动的倾向，也不是由于太阳的某种吸引力，而只是因为没有在别的任何地方能像在空中一样，能够轻易地保持之前的运动，就如同有人在走路时脚会搅起地面上的灰尘，灰尘会随之上升，并在空气中飘散一样。尽管这些灰尘颗粒要比我们之前谈论的微粒大得多、重得多，但也并不妨碍它们按照既定路线上升到天空中。并且我们还发现，和一个人的踩踏扬起的灰尘相比，当大块空地上有很多人走动时，地面上的尘土可以上升到很高的高度。这样，当你知道太阳的作用可以将包括水汽和蒸散物在内的微粒升到那么高时，就不会感到惊讶了，它们可以延伸到半个地球，并在那里保持数天。

 水汽的本质

但请注意，这些被太阳的作用抬升起来的微粒，绝大部分拥有和组成水的微粒相似的形状，因为其他微粒都不能如此轻易地从它原来所在的物体中分离开来。因此，我单称这些微粒为"水汽"，以和其他形状更不规则的微粒分开来，那些微粒我称之为"蒸散物"，因为没有找到更合适的名称。

 蒸散物的本质

在"蒸散物"的分类中，也包括那些和水汽形状类似、但更为细小的、可组成烈酒或白兰地的微小粒子，因为它们非常易燃。这个分类中不包括那些种类众多的过于细小的微粒，那些微粒除了组成空气之外，没有任何用处。

最重的蒸散物如何离开地面物体

那些稍微重一些的微粒，同样有很多种类，很难把它们从其所在的物体上分离开来，但如果把物体点燃，它们就会以烟的形态从物体中逸出。同样，如果水渗入这些物体的孔隙中，也会使这些微粒从物体中脱离出来，随着水流走——就像风吹过树篱时带走挂在枝杈上的叶片和稻草一样。水中有时也含有油质的微粒，一般来说，炼金术士可把它们从干燥植物中提取出来，当把它们浸泡在大量水中时，这些油质微粒带着它周围的水不断上升，并最终聚集在烧杯的顶端。事实上，组成水的大部分微粒和组成油质的微粒本质上是一样的。

 为什么水变成水汽之后可以占据比原来多得多的空间

请注意，在大多数时候，水汽所占的空间要远远大于水所占的空间，虽然它们由同样的微粒组成。原因是当这些微粒组成水的时候，它们之间的相对移动并不十分强烈，微粒之间的滑动，只够形成弯折和交错，就像你在图1①的 A 处看到的那样。然而，当它们组成水汽的

---

① 　原著没有标明图的序号，序号为译者所加，下同。

时候,它们之间的搅动十分剧烈,迅速向着各个方向旋转,并且,它们在长度上完全伸展开来,因此具有一种离开当下所在之处的作用力。所以水汽会钻入并充满到所有细小的缝隙中,就像你在图 1 的 B 处看到的那样。

图 1

举一个例子,如图 2,用一根绳子 NP 穿过中轴 LM,当旋转 LM 达到一定速度的时候,绳子 NP 就会在空气中水平伸展开来,用这种方式,它覆盖了平面上的圆 NOPQ,并且如果你放一个物体在圆所在的位置,会立刻被绳子撞到圆圈外面。当中轴旋转速度慢下来的时候,绳子就缠绕在中轴上,这样其所占的空间就会大大缩小。

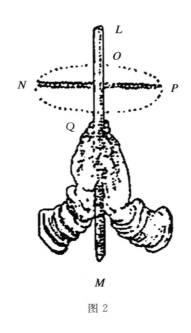

图 2

 同样的水汽如何更加致密或稀疏

此外我们还应该注意到，在不同时候，这些水汽可以被压缩，也可以膨胀；可以变冷，也可以变热；可以是透明的，也可以是模糊的；可以是湿润的，也可以是干燥的。对第一种情况来说，当水汽粒子的旋转不够强烈，不足以把它们维持在一条直线上时，它们就会弯折，彼此靠近，就像图 1 的 C 处和 D 处显示的那样。

或者当水汽微粒在山口被挤压，或者在形成不同的风的气流中（它们彼此对抗，互相阻止了对方搅动空气），或者在云的下方没有它们旋转所需要的足够空间，就像 E 点呈现的那样；再或者，最终空气的搅动使得大部分水汽微粒向着同一个方向运动时，它们不会像平时转动的那样强烈，就像在 F 点显示的那样；最后或者对 E 处的空气来说，会形成吹向 G 处的风。显然，当以上三种情况发生的时候，组成这些微粒的水汽会比平常更重，或更加致密。

 为什么我们时常感觉现在的夏天比往常更闷热了

同样显而易见的是，当我们假设 E 处水汽微粒的旋转程度和 B 处类似时，它的温度一定高于 B 处，因为它的各部分被压缩，具有更多的力——就像一个燃烧的铁块的热量一定要比一块煤或火焰的热量多。这就是为什么当夏天空气静止并从各个方向被压缩时，人们感到更加闷热，好像就要下雨，而晴朗清澈的空气会使人感到较为凉爽。

 水汽如何会有冷有热

再来考虑图 1 中 C 处的水汽，虽然比 B 处更为致密紧缩，但温度却比 B 处稍低，我猜想是由于它的旋转速度远小于 B 处；和 B 处相反，D 处的水汽温度比 C 处

更高,因为它压缩程度更高,但旋转速度只稍微低于 C 处。F 处的水汽温度低于 C 处,虽然它的压缩程度和旋转速度都高于 C 处,但它们的移动方向非常一致,这就是它们无法搅动其他物体微粒的原因——就像同向的风即使风力很强,当它吹过树林枝叶时引起的震动,反倒不如稍弱但风向多变的风强。

 为什么张大嘴呼气的温度要比噘嘴呼气的温度高,为什么狂风往往很冷

从以上的实验中可以推知,热量源于地球上物体微粒的搅动:如果向并拢的手指用力吹气,你会发现手上感觉到风的温度要比手指稍凉,因为它们移动的非常快,方向一致性强;但手指缝隙中感到的温度就稍高,因为在那里空气流动的速度更慢,方向也不一致,微粒搅动的程度就更强。同样的道理,当我们张大嘴巴呼气的时候,温度就比缩小嘴巴呼气的温度要高。这也是劲风更凉,暖风都很温和的原因。

 水汽为什么会透明或模糊

此外,图 1 中 B、E、F 三处的水汽是透明的,肉眼无法把它们从别处的水汽区分开来;这是因为它们和周围的细微物质移动的速度相同、振动也相同,因此它们无法阻止这些细微物质受到发光物体的扰动,相反,它们和细微物质一同受到光线的扰动。C 处的水汽,另一方面,开始变得模糊和不透明,因为水汽微粒并不能和细小物体的运动方向时刻保持一致。D 处的水汽不全像 C 处的那样模糊,因为它温度更高。

 为什么当可见水汽越少的时候,实际湿度越大

我们知道在寒冷的冬天,马匹体温较高,它呼吸和流汗都会产生致密、模糊、厚重的气雾,但是在夏天或温暖的季节,这种现象就看不到了。所以毫无疑问的是,大气中含有同样多的水汽,无论我们能否用肉眼看到它们。至于这个现象是如何发生的,通俗地讲,在温暖的天气里或中午时分,太阳照耀湖面或水洼,并不会引起很多蒸发,因为水体蒸干消散的速度要比在寒冷或多云的天气里更快。

 为什么同样的水汽干湿程度会不同

余下的那些,E 处的水汽湿度比 F 处更大——意思是说它更倾向于凝结成水或者像水一样打湿物体。相反,F 处的水汽则比较干燥,当它遇到湿润的物体时,它会穿过这些物体并带走水汽,使湿润的物体变得干燥。从经验中还可以看出,劲风往往干燥,湿润的风比较弱。E 处的水汽比 D 处要多,因为 E 处的水汽微粒搅动得更加强烈,它们更容易蔓延到物体的孔隙中,使它们变得潮湿。但另一方面,也可以说它更为干燥,因为水汽微粒旺盛的搅动使其很难凝结成水。

 蒸散物的各种性质

对于蒸散物来说,它们有很多比水汽更为多样的特点,因为组成它们的微粒之间可能有很大差异。但我们有足够的理由相信,蒸散物最大的微粒无非是土,就像我们把雨水或雪水在一个容器中静置一段时间后在底部看到的那样;最细小的微粒无非是酒精,蒸馏的时候它们最先逸散出来;中间大小的微粒,其中一些属于挥发性的盐,另一些属于油,还有一些是这些盐类或油类燃烧的时候逸散出来的气体或烟雾。

 蒸散物和水汽的区别

虽然只有把它们和水汽混合,这些蒸散物才会逸散到空气中来,但这并不意味着它们难以和水汽分开,也不意味着它们不会自动分开,就像经过蒸馏油会从水中分离开来,如同风可以把物体吹拢到一起也可以把它们吹散，也如同村妇敲打奶油使黄油从牛奶中分离开来。还有一个常见的原因是，混合起来的两种微粒的重量不同或者扰动程度不同，它们就会在比水汽更慢或更快的区域静止下来。普通的油不会上升得像酒精一样高，土壤微粒上升得没有油类微粒高，但是组成普通盐类的粒子是上升得最低的。在不那么严格的意义上讲，无论是水汽还是蒸散物，它们在水表面的时候上升得最高，因为它们是通过水的蒸发一起上升。还有许多非常重要的事情可以顺便在这里解释，我并不想忽略它们。

第三章

论盐

 盐水的性质，水微粒的性质如前所述

正如我之前所述，大海的盐分只存在于海水微粒中一些较大的微粒中，这些微粒并不能像其他微粒一样，因细微物质的运动而产生弯折，甚至没有较小微粒的干预，它们都很难被扰动。因为如果水不是由我刚刚假定的那种微粒组成，它在被以各种方式和从各个方向分割时，难易程度应该是相当的，那么当它进入孔隙相当大的物体时，就不能像现在这样容易，而是像石灰或沙子那样。或者它可以以某种方式渗透到那些孔隙狭小的物体中，比如玻璃和金属。并且，如果这些微粒的形状并不像我说的那样，当它们在其他物体的孔隙之中时，仅凭风或者热量的扰动，很难把它们轻易驱赶出来。

为什么浸水物体要比浸油物体更易变干

要想充分证明这一点,大家可以考虑油或其他滑质液体,正如我刚才所说,这些物质的微粒具有其他形状,因为这些物质一旦进入物体后便很难完全与其分离。最后,由于我们在自然界不可能见到两个完全相同的物体,因此不同物体的差异,并不仅是尺寸方面的微小差异,我们应该不难想象水的微粒也像其他微粒一样,并不都是完全相同大小的,尤其是在水体汇集的海洋里,有一些微粒太大,不能被一般的力量所弯折。仅用我试图在此呈献给大家的这一点解释,已足够赋予它们盐的所有性质。

 为什么盐水的口感和淡水差异很大

首先,不足为奇的是盐的微粒具有刺激性味道,这明显区别于淡水的微粒。因为它们不能被其周围的细微物质所弯折,所以它们总是径直进入舌头的孔隙,并且渗入到很深的地方,因此我们会感到刺激。而那些组成淡水的微粒因为容易弯折,所以只能轻轻流过舌头的表面,几乎尝不到味道。

为什么用盐腌制肉类可以保存更久

同样,当盐的微粒径直进入要保存的肉的孔隙时,不仅会去除里面的潮湿,而且还像小木杆一样植入并保持在肉类的微粒之间。

 为什么盐会使肉质变硬

盐的微粒在肉的微粒中保持稳定,不会弯折。它们维系着肉的微粒,防止其他柔韧的微粒来扰动肉类的微粒,使肉变质。这也解释了为什么肉类随着时间的推移变得越来越硬。

 为什么淡水会使肉类变质

淡水的微粒经过肉类孔隙时会发生弯折,或者四处滑动,最终使肉变质。

 为什么盐水要比淡水更重

此外,盐水比淡水更重,这并不令人感到意外。这因为组成盐水的微粒更加稠密和厚重,排列得更为紧密,盐水的重量也是因此得到支撑。

 为什么盐只在海水的表面形成

但是有必要考虑,为什么这些更加厚重的微粒仍然与那些较轻的微粒混合在一起,而不是按照人们认为那样自然沉淀到底部？这种状况出现的原因,至少对于普通盐的微粒来说,是由于它们的两端厚度相同并且完全平直,与小杆十分相似。假如在海洋中,有一端比另一端厚的微粒,厚的一端也会因此而较重,这些微粒在地球形成之初便会相当容易地沉到海底。

 当和淡水混合的时候,盐类粒子是如何排列的

若它们当中存在弯折的微粒,这些微粒便会很容易遇到较硬的物体,并与之结合,而且一旦进入其孔隙之中,就很难像均一平直的微粒一样,轻易地再出来。但是,因为这些盐的微粒铺叠在彼此之上,它们允许永久处于扰动状态的淡水微粒在其周围滚动盘绕,以便它们更容易保持运动,并且因其排列顺序,其运动速率比其单独存在的时候更快。

盐水的粒子比淡水运动得更快

因为当一些微粒围绕着另一些微粒转动时,细微物质受到的扰动力,仅能使细微物质在包围其的微粒间快速运动,从一个微粒处飞到另一个微粒处,但并不会使微粒弯折,或发生其他改变。然而,当这些微粒单独存在时——例如组成淡水的微粒,它们必然会彼此交错,细微物质的一部分力量就会使其弯折,从而使它们分开,而不会那样轻易或迅速地使它们运动。

 为何盐会很容易被潮气溶解,为何一定量的水只能溶解一定量的盐

诚然,当这些淡水微粒在围绕着盐的微粒周围转动时,速度比它们单独存在时更快。因此,当淡水微粒距离盐的微粒足够近时,便会围绕盐的微粒转动,随后保持紧密距离,因而防止了它们因重量不同而彼此分离,这种情况也十分正常。这就是为什么盐在淡水中或者仅暴露在潮湿天气的空气中更容易溶解,即使仅是一定量的盐类溶解在一定量的水中也是这样,就是因为柔顺的水的微粒可以围绕着一定比例的盐类微粒,并在其周围旋转。

为什么海水比河水更加透明

物体对其孔隙中细微物质运动的阻碍越少,物体就越透明。在了解这一点的前提下,我们可以由此理解,海水原本就比河水更加透明,折射率也略高于河水。

 夏季如何用盐使淡水结冰

我们知道淡水不易结冰,因为水中细微物质包含的微粒没有力量搅动水。我们甚至可以由此得知夏季制冰的方法,这对具有探索精神的人来说,是一个最不可思议的秘密,尽管不是最为罕见的一个。他们将混有等量雪或碎冰的盐放在装满淡水的容器中,并且完全不借助其他装置,当这些盐与雪融化到一起后,容器中的水就变成了冰。这种现象发生的原因是,围绕着水微粒的细微物质比围绕着雪微粒的细微物质更加厚重粗糙,因而也具有更大的力量。当雪融化时,雪的微粒围绕盐的微粒转动,围绕水的颗粒的细微物质会随之按照一定比例替代围绕着雪的细微物质。因为细微物质在盐水微粒孔隙中的运动比在淡水微粒孔隙中的运动更加容易,它倾向于迅速从一个物体进入另一个物体,进入最小阻碍其运动的微粒孔隙中。通过这种方式,雪中越来越多的细微物质进入到水中,代替那些离开水的微粒,并且由于它没有足够的力量承担那些水的扰动,因此水会结冰。

 为什么盐水结合非常紧密,很难变成蒸汽,而淡水更易蒸发

盐类微粒的主要性质之一,是它们被十分牢固地固定在一起——也就是说它们不能像淡水微粒那样变为水蒸气。其原因不仅在于它们密度较大、分量较重,还在于它们形状平直且较长,因此几乎不能悬空于空气中,它们不能保证在上升或下降的运动中,不出现一端向下,并因此与地面呈垂直位置的状况。因为在上升或下降过程中,它们处在最容易将空气分隔开的状态。对于淡水微粒来说,这种现象就不会发生,因为它们容易弯曲,从不会处于完全平直的状态,除非它们以很高的速度旋转。然而盐类微粒几乎不以这种方式运动,它们彼此相遇并碰撞,并且运动时不会弯折以缓冲碰撞,因此它们很难停止运动。但是当它们一端向下停留在空气中时,正如我刚刚所说,很明显它们会下降,不会上升,因为推动其上升的动力,在其上方小于它保持横向倾斜的时候受到的作用力。并且对它们的点产生阻力的空气量小于对它们长度形成阻力的空气量,不是正比例,并且所少的量与对它们的点提供阻力的空气量比对它们的长度提供阻力的空气量所少的量相应成比例；同时，它们的重量始终不变，并且随着空气阻力的减小，重量施加的作用力将会增加。

 为什么海水流过沙滩之后会变淡

此外，当海水流过沙子时，海水会变淡，因为盐的微粒缺乏柔韧性，不能像淡水微粒一样，从细小曲折的沙粒缝隙间流过。

 为什么泉水和河水是淡的

因此我们看到，仅由水蒸气冷凝降水组成的喷泉和河流，或其他已经流经很多沙子的水体，一定不是含盐的。

 为什么河流入海并不会冲淡或增加海水的盐分

当所有这些淡水回归到大海时，大海的含盐量既不会增加也不会减少，因为水也在以其他方式不断离开大海。其中一些蒸发到空气中，变成水蒸气，然后以雨雪形式降落到地面，但是其中最大的部分将渗到山体下面的地下通道，在那里地球内部的热量将水变成水蒸气，然后从山顶逸散出来,补充喷泉与河流的源头。

 为什么赤道附近的海水盐分比极地附近的大

我们同样也可以理解,赤道地区海水的盐分比两极地区高,因为太阳在赤道地区的加热作用更强,强烈的蒸发使大量水分以蒸汽的形式离开海水,而且这些水蒸气并不会再次降落回原地,相反,可能会降落到极地附近地区,大家会在本书后面对此有更详尽的了解。

 为何用海水灭火不如用河水灭火有效,为何夜晚海水被扰动时会出现火光

除此之外,如果我想暂停下来详细阐释火的本质,我会在此解释为什么用海水灭火不如河水有效,还有为什么海水在夜晚被扰动时会出现火光。大家能够理解,由于盐类的微粒悬浮在淡水微粒之间,因而很容易受到扰动,并且由于它们平直而僵硬,因此在被扰动之后具有很大的力量。因此盐类微粒不仅是当被泼洒到火中的时候能够增强火焰,而且在其快速离开其悬浮所在的淡水的时候也能够产生火焰。因此如果 A 处的海水向 C 处推进(图 3),遇到沙质海岸或者其他障碍物,在那里被迫向 B 处爬升,这种扰动引起的盐类微粒的波动能够使最初进入空气的微粒与其周围的淡水微粒分散

图 3

开,并彼此有一定间距地洒落在 *B* 处,它们像敲击燧石一样产生火光。

 为什么盐水或海水都不会扰乱和毁坏火花

产生这种效果的必要条件是,盐类的微粒必须十分平直且光滑,这样它们才能更容易地与淡水微粒分开。由此得知,不论是在容器中放置很长时间的盐水或海水,都不会产生这样的效果。

 为什么温暖的海水比寒冷的海水更易产生火花

产生火花的另一个必要条件是,淡水微粒没有过于牢固地包围盐类微粒,由此得知火花在温度高时比在温度低时更容易出现。

为什么海水的波浪或水滴不会以这种方式产生火花

此外,海水的扰动必须足够强烈,从而使火花不会在同一时间离开所有的波浪。最后,盐类的微粒在运动时是尖端在前,而不是稍钝的一端在前,就像射出的箭一样,这一点也是必要的,这就是为什么从同一水体中迸发出来的所有水滴不会以同样的方式闪耀。

 为什么可以把盐水放在海滩边的坑沟中用来制盐

但是现在请大家考虑:在盐类形成的时候,它是如何漂浮在水面上的,尽管它的微粒非常坚硬且沉重;以及盐类如何将自己塑造成小的方形颗粒,稍微有点像顶面切平的钻石,除了它的最大面有些凹陷以外。

首先,出现这种效果的必要条件是海水能够在固定的地方被积存,以避免波浪的不断扰动,同时避免由于雨水和河流不停地注入海洋而带来的丰富淡水。其次,温暖、干燥的天气也是必不可少的,以便于太阳有足够的力量去蒸发淡水微粒,而不是让它们围绕在盐类微粒周围。

为什么液体的表面是均一的

必须注意到的是,这些水的表面像其他一切液体表面一样,总是平整均匀的。这是由于,水体的各个部分以固定的方式和固定的波动在彼此之间运动,并且与水面接触的空气微粒也会以恒定的方式在彼此间运动。但是后者与前者的运动方式和速度都不同。

 为什么水的表面要比内部更难穿透

而且,尤其是空气周围的细微物质与水周围的细微物质运动方式完全不同。这是为什么它们的表面由于相互摩擦而使彼此光滑,就好像它们是两个硬质物体——除非这发生得更容易且是瞬间完成,因为它们的微粒并不以任何方式相连,它们都是在第一次接触后便以这种效果所需的方式排列。并且这也是为什么水的表面比其内部更不易分隔开,正如我们在实验中所看到的,很多足够小的物体,尽管是如同钢针一样的重物,在水面微粒未被分隔的情况下还是能够漂浮在水面上,然而一旦水面微粒被分隔,它便会一路沉到水底。

为什么盐的粒子漂浮在水的表面

然后我们必须考虑的是,当空气的热量足够形成盐类的时候,它不仅能够使一些柔韧的海水微粒离开海洋,上升成为水蒸气,而且还能够使它们以一定的速度上升。这个速度使它们在还没从盐类微粒中脱离开来时,带着盐类微粒共同到达水的表面,直到它们在水表面造成的孔洞再次闭合之后,才从盐类微粒中脱离出来。

 为什么盐粒的底部是方形的

通过这种方式,正如大家看到(图 4)D 上呈现的,这些盐类微粒各自单独地纵向漂浮在水面上,它们没有足够的重量下沉,就像我刚刚提到的那些钢针一样,只能引起水面微微弯曲。因此首先,散落在海水表面的微粒在此造成许多小孔洞或凹陷;随后的微粒散落在这些孔洞的斜坡上,向着孔洞底部滑落,并在底部与先前的微粒结合。在此尤为需要注意的是,无论这些微粒从哪里来,后者一定是与前者并排排列的,正如大家在 E 中所看到的(图 5);至少第二批散落的是如此,并且第三批也经常如此,因为通过这种方式它们比其在其他位置的时候(在孔洞中)滑落得更低些,如我们在 F、G 或 H

图 4

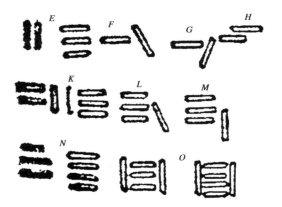

图 5

中看到的那样。并且扰动此表面的热量移动会少许帮助它们以这种方式排列。然后,每个孔洞中有两个或三个散落的微粒并排排列,再后来散落的微粒仍可以以同样的方式与它们结合,如果它们都有这种倾向的话;但是如果它们更倾向于排列在先前微粒的末端而不是并排,它们将会以锐角靠在其上,如大家在 K 上看到的,因为这种方式也可以使它们比以其他方式排列的时候下降得更低,比如在 L 或 M 中那样。鉴于后者排列在先前微粒末端和先前微粒并排排列的情况同样多,因此有大量微粒是如此排列的,它们形成一个在人眼看来十分方正的小块,这正像开始形成时的盐类颗粒的基底。

为何实际上略微弯曲的盐粒底部看起来是完全平整的

必须指出的是,当微粒之中只有四或五个以相同的方向排列的时候,如在 N 中那样,中间的微粒比边缘的微粒下沉的稍微快一些。但是当后来的其他微粒交叉地结合时,如 O 中那样,它们帮助边缘的微粒以与中间微粒近乎相同的速度下沉。这种方式使得那些由数以万计的微粒结合而成的充当盐类颗粒基础的方形小块看起来完全是平面的,即使它多少有些弧度。

盐粒的其他部分是怎样在底座上形成的

因此,随着小块体积的增大,它下沉得越来越深,但是速度很慢以至于它可以在不打破水的表面的情况下使其弯曲。当它达到一定的体积之时,它下沉得很深,以至于新来的向它运动的微粒在它上方通过而不是停止在其边缘,并且在此新来的微粒以与先前在水上滚动的微粒相同的方向和方式滚动。这导致它们形成一个仍以相同方式下沉的新的方形块体。然后后来的盐类微粒同样能够在其上方通过并在此形成一个块体等等。

 ## 为什么盐粒是中空的

但是必须指出的是,形成第二个块体的盐类微粒滚动起来并不像第一个块体在水上滚动那样容易,因为它们遇到的表面一点也不平整,也不会允许它们那般自由地运动。因此经常出现的情况就是它们并不是恰好滚到中间,中间部分因此是空的,第二个块体不会相应地与第一个下沉得同样快,而是在第三个形成之前稍微变大。同样,因为第三个块体的中间是空的,它会比第二个变得稍大些,如此下去,直到由许多这样的块体层叠组成的整个颗粒完全形成——也就是,直到由于它触碰到边缘的颗粒而不能再增大的时候。

 ## 什么决定了底座的大小

作为颗粒基础的第一个块体的体积大小取决于扰

动其形成时所在水体热量的大小。因为水被扰动得越剧烈,在其上运动的盐类颗粒造成其表面弯曲的程度就越大。这使得这个基础变得更小,而且水甚至可以被扰动得很剧烈以至于盐类的微粒在尚未形成任何颗粒之前就沉到底部。

 为何底座的四个角既不十分锋利,也不均匀一致,为何盐粒边角比其他处更易裂化

对于从基础的四周上升起来四个面的坡度,只取决于已经阐释过的一些原因,就是当在颗粒形成的整个过程中温度始终保持不变。但是当温度升高,坡度就会变缓,相反,温度降低的话,坡度变陡。所以当温度以一定时间间隔上下波动时,会沿着这些面产生小台阶。对于与这四个面结合的四个边和角,它们不是非常锋利与平整,因为结合到颗粒边上的微粒几乎总是如我所说的纵向排列,但是滚向它拐角的微粒更容易以另外的方位排列,正如它们在 P 中所呈现的那样(图 6)。这就是为什么这些拐角有些钝

图 6

且粗糙,也是为什么盐类颗粒在此比在其他地方更容易分裂开。同时这也是为什么颗粒中间空的地方几乎是圆形而不是方形的。

 为什么盐粒的内部要比外侧更加光滑

除此之外,因为组成这些颗粒的微粒是没有任何顺序而随机结合,而不是像我刚才所述那样。因此当它们仅以中等速度运动的时候,其彼此的末端之间没有接触而是留有很大的空

图 7

隙,使围绕它们并保持弯曲成环形的淡水微粒留在里面,正如大家在 R 中看到的(图 7)。

 为什么盐粒很易碎

但是当有非常剧烈的热量扰动它们的时候,它们趋向于以巨大的力量扩张和变直,正如之前所提到的水变成水蒸气时它们的行为。当发生这种现象时,它们立刻

冲破束缚并伴有突然的声响。这就是为什么当我们把盐类颗粒抛进火中的时候,它们整体的颗粒破碎、跳跃并且发出爆裂声,也是为什么它们在粉末状态下不这样,因为这时候这些对颗粒的束缚已经破碎了。

 白盐的气味和黑盐的颜色来源

此外,海水并不是仅由我所描述的微粒组成,也会在其中存在其他微粒,尽管它们十分细小,但是由于其形状原因还是能够存留在海洋里。这些微粒在其形成的时候与盐类微粒结合,在刚形成的时候可以散发出紫罗兰香味,或者黑色盐类的暗淡颜色,再或者其他我们能从盐类中注意到的形式,这也随它们形成时所在水体的不同而改变。

 为什么盐会是白色的或是透明的

如果大家考虑盐类微粒结合的方式就不会惊讶于它的质脆易碎;如果考虑到这些微粒的厚度和下文要讲的白颜色的性质,就不会惊讶于它在纯净的时候总是白色透明的。

为什么一整块盐粒比磨成粉干燥之后溶化得更快

考虑到有很多淡水微粒包含在盐类微粒当中时，就不会惊讶于它在完整的时候那么容易在火上融化。当注意到如果微粒不能弯曲或者很困难弯曲时盐粒本身不能融化的时候，就不会惊讶于当它在处于粉碎状或者非常干燥而没有水分存留在其中的时候很难融化。

 盐水微粒和淡水微粒的差异

尽管我们能够想象在之前海水微粒或多或少有一定程度的柔韧性，我们必须考虑到，所有在其他微粒之间能够使自身弯曲的微粒因此逐渐变得柔软灵活。然而那些没有如此弯曲的微粒变得完全僵硬，因此在盐类微粒和淡水微粒之间有很大区别。

 为什么两种粒子都是圆形的

但这两种粒子都是圆形的。也就是说，淡水微粒是绳子般的圆形，盐类微粒是圆柱或圆杆般的圆形。因为任何物体在以不同方式长时间滚动后都会变成圆形的。

油盐如何被感知

由此我们可以理解能够腐蚀金子并被炼金术士称为盐类精髓的具有刺激性且强劲的水的本质。由于它只能被温度非常高的火的力量,从纯净的盐或者盐与其他十分干燥或僵硬的物体(比如砖块)的混合物中提取出来,因此很明显它的微粒与之前构成盐类的微粒是相同的。但是这些微粒不能通过蒸馏仪器蒸馏出来,并且因此从稳定转变为不稳定状态,除非通过被火扰动而彼此撞击,否则它们不会从原本僵硬的微粒变得容易弯曲。以同样的方式,它们以圆柱形式的圆形转变成具有锋利边缘的扁平形状,就像鸢尾属植物的叶子或者剑草。不如此的话,它们则不能弯曲。因此很容易判断出它们味道的原因,它与盐的味道截然不同;因为它们纵向排列在舌头上,边缘位于舌头的神经末端,沿着神经流动并切割它们。这样必定会以与以前不同的方式扰动这些神经,其结果就是产生了不同的味道,也就是我们称作的刺激性味道。

我可以以这种方式对这种水的所有其他性质做出解释,但是解释将继续直至无限。并且当回到对水蒸气的考虑时,这个解释会变得更完善,本书后面我开始仔细研究它们是如何在空气中运动并且是怎样产生风的。

第四章

论风

 风是什么

任何可以被感受到的空气扰动都可以称作风,任何不为视线所见且难以感觉到的物体叫作空气。因此,当水分被很大程度稀释变成十分细小的蒸汽时,我们称它转化成了空气,尽管我们所吸入大部分空气的组成微粒与水分的微粒大不相同,它们的微粒更加细小。因此,从风箱或风扇吹出来的空气,就叫作风,尽管这些占据在海面或地面上空更大范围的风一般无非就是水蒸气的运动,通过扩张,从它们现在的位置移动到能够更易于其扩张的位置。

怎样用汽转球①制造风

同理，我们在这些叫作汽转球的空心球当中观察到，当少量水以蒸汽的形式被汽转球排出时，引起规模较大且强烈的风，因为它由很少量的物质组成。并且因为这种人工制造的风在我们理解自然风时帮助很大，我将会在此重点介绍它。

在空气中风是如何形成的，和汽转球制造的风有什么不同

ABCDE 是一个铜球或者其他类似材料做成的球（图 8），它是完全中空且封闭的，只有在 *D* 处有个开口，*ABC* 部分装满水，*AEC* 部分是空的——也就是说，只装有空气。我们把球放置于火上，热量扰动水的微粒，使其大部分上升到液面 *AC* 以上；在此它们体积膨胀而相互推挤，同时旋转，并且用以上所述的方式努力试图分开。由于它们可以用这种方式相互分开，以致其中一

① 汽转球可能是已知最早以蒸汽转变成动力的机器，相传公元前 200 年左右由古埃及托勒密王朝时期的数学家、发明家卡特西比乌斯发明，公元 100 年时由亚历山大里亚的维特鲁威（Vitruvius）和希罗（Hero）将其推广。汽转球主要是由一个空心的球和一个装有水的密闭锅子以两个空心管子连接在一起，在锅底加热使水沸腾变成水蒸气，然后由管子进入到球中，最后水蒸气会由球体的两旁喷出并使得球体转动。汽转球只是单纯一种新奇的玩物，并未予以任何实际应用。译者注。

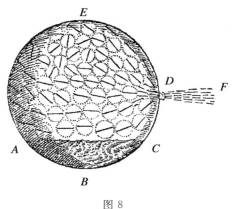

图 8

些蒸汽通过 D 口离开,它们之间相互推挤的力量一起通过 D 口作用于距离其最近的微粒,因而形成从 D 吹向 F 的风。由于随着一部分蒸汽从 D 口离开,总会有新的水微粒被热量扰动从 AC 面上升,膨胀并相互推挤,风不会停止,除非所有水被蒸发完或者引起它们蒸发的热量停止供应。

 原则上是水汽制造了风,但并不是风的唯一成分

现在空气中普通的风是以与此相同的方式产生的,主要分为两种不同形式。第一种是形成风的蒸汽不仅像在汽转球里那样来自水面,还源自湿润土壤、雪或者云。一般来说在这方面的来源比纯粹在水面的来源要丰富,因为在前者它们的微粒已几乎全部相互分开,因而更容易分离。第二种不同是由于这些蒸汽在空气中不会像在汽转球里那样被包围着，因而它们只会被一些其他微粒、某些云或山体、迎面运动的阻力风限制向各个方向同等地扩张。为了补偿这一点，除此之外还经常有其他蒸汽，它们变得逐渐厚重，在其他蒸汽膨胀的同时压缩自己，导致这些膨胀的水汽朝着被压缩水汽的方向运动。例如（图 9），如果大家想象现在在空气 F 中存在一个较大的水汽，水汽膨胀并趋于占据它所在的比其大很多的空间，同时在 G 处有其他的水汽，这些水汽压缩并变成雨雪，将它们所占据的大部分空间空出来，毫

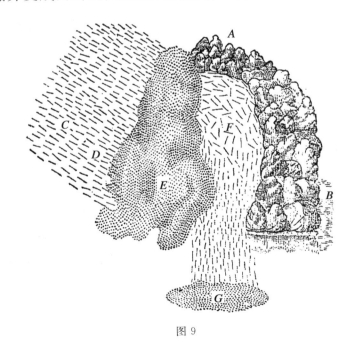

图 9

无疑问 F 处的水汽会向 G 处运动,从而形成吹向 G 的风。此外,如果大家考虑它们是因为 A、B 处有高山而不能运动到那里,由于 E 处的空气被 C、D 处吹来的风压缩冷凝而不能运动到那里,并且其上方云的阻挡而不能向高空扩展的话,以上说法就更准确了。

 为什么是水汽而非蒸散物是制造风的必要条件

注意当水汽以这种方式从一个地方运动到另一地方,它们之中夹杂着一路上的所有空气和其中所有的蒸散物,因此风是由这些水汽单独造成的,然而它们不是风中唯一的成分。同时还要注意这些蒸散物和空气的膨胀与凝结,有助于风的形成,但是它们的作用与水汽的膨胀和凝结相比起来很小,因此几乎不必考虑进去。因为空气膨胀时仅仅占据相当于其正常体积二至三倍的空间,而水汽膨胀时则要占据两三千倍的空间。另外,蒸散物不会扩张,除非它们被强烈的热力从地表物体中蒸发出来,但是它们一旦被蒸发出来,不论多么寒冷,也几乎不再会以先前一样多地被冷凝回去。然而只需很少的热量就能把水变成水汽,同样,很少的寒冷也能把水汽凝结成液态水。

东风往往比西风更加干燥

现在让我们看看主要风的独特性质和产生机理。首先,我们观察到所有的空气都沿着自己的线路自东向西地运动着,我们有必要在此这么认为,因为对它的解释不能方便地述其由来,除非通过详细地解释宇宙,我在此并不想这么做。但是我们观察到东风一般比较干燥,比西风更能使空气变得更为洁净和沉静。这种解释就是,与一般水汽运动线路相反,西风阻挡住它们并使它们加厚变成云,然而其他的风则是追赶并驱散它们。

 早上往往吹东风,晚上往往吹西风

另外,我们观察到,早晨盛行东风,夜晚盛行西风。其原因会很明显,如果大家把地球看作 $ABCD$(图 10),把太阳看作 S,太阳照射在 ABC 半球,在 B 处是正午,D 处为午夜,在 A 处的人看来太阳在下落,在 C 处的人看来它在上升。因为 B 处水汽由于白天的强烈热力而剧烈膨胀,它们向 D 处运动,一部分经过 A,一部分经过 C,并在 D 处汇合取代被夜间寒冷凝结的水汽。因此它们在其下落的 A 处形成西风,在其上升的 C 处形成东风。

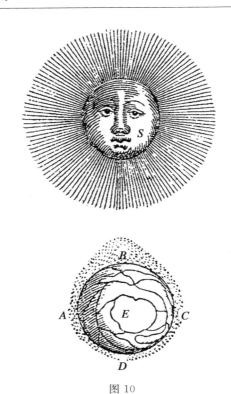

图 10

 由于同样的原因,东风要比西风强劲

同时必须注意的是,吹向 C 的风一般比吹向 A 的风强烈且风速大。之所以如此是因为吹向 C 的风与空气整体运动方向相同,同时也因为地球的 CD 部分比 DA 部分在黑夜的时间长,因此水汽的凝结在 CD 部分就更加迅速且程度更深。

北风通常在白天吹起

　　同时我们观察到北风主要在白天盛行,它们由北向南运动,且十分的猛烈、干燥和寒冷。大家可以这样思考去理解这个解释(图 11):地球 $EBFD$ 在很难得到太阳热量的极地 E 和 F 附近被许多云和雾包围着,在太阳当头的 B 处,太阳使一定量被其阳光剧烈扰动的水汽开始运动,直到水汽上升到高空以至于它们的重力阻力使它们很容易地转向,使它们向 I 或 M 方向运动,凌

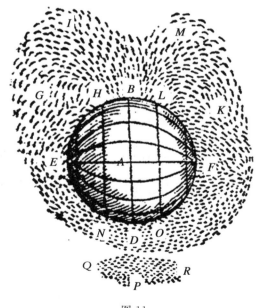

图 11

驾于云 G 和 K 之上,而不是使其继续向高处直线上升。云 G 和 K 同时也被太阳加热和膨胀,转化为水汽并向着由 G 向 H 和由 K 向 L 的方向运动,而不是向着 E 和 F,因为极地周围的大密度空气对它们的阻挡大大强于正午来自地面的水汽,也就是 B 处。因为这些水汽被强烈的扰动因而易于向任何方向运动,它们会很容易将空间让给来自 G、K 的水汽。

 为什么北风通常由上往下吹而不是由下往上吹

因此,将 F 当作北极,水汽由 K 向 L 的路线形成北风,在白天盛行于欧洲。此风风向向下,因为它是从云吹向地面。

 为什么北风要比其他风更加强劲

北风一般非常猛烈,因为它是被最强烈的热力所扰动,即正午的热量;并且它是由最容易蒸发为水汽的物质组成,即云。

 为什么北风往往寒冷而干燥

最后,这个风非常寒冷干燥——由于其基于上述原因而导致,同时也由于猛烈的风往往是干燥而寒冷。因此,它也十分干燥,因为它一般是由淡水中较粗颗粒与空气混合而成,然而水分主要存在于细颗粒中,而后者在产生这种风的云中几乎找不到。正如大家现在理解的,它们的性质更接近冰而不是水。北风寒冷是因为它们南下的时候带来了北方非常细小的物质,而寒冷主要依存于这些物质。

 为什么南风往往在夜间吹起,而不是在白天

相反,我们观察到,南风总是盛行于夜晚,向上运动,运动速度缓慢且潮湿。我们通过地球 $EBFD$ 同样可以理解对此的解释。我们认为 D 地区位于赤道,假定它现在是黑夜,但是这里仍保留着白天太阳辐射给它的热量,导致许多水汽离开这里,但是其上方 P 处并没有存留如此多的热量。

 为什么南风从下往上吹

因为稠密沉重的物体比轻微细小的物体更能保存热量;同时固体比液体更能保存热量。这就是为什么 P 处的水汽停滞并积聚形成云而不是向着 Q 和 R 运动;并且这阻止了从 D 处形成的水汽继续爬升,使得它们向 N 或者 O 的方向运动,因此形成了主要盛行于夜间的南风,并且从地面向上吹向大气。

 为什么南风要比其他的风更加轻柔

同时,它的运动速度只能十分缓慢,因为其运动路线被稠密的夜间空气所阻滞,加之其组成物质主要来自地面和水域,不能像组成物质源自云的风那样快速大量地膨胀扩张。

 为什么南风往往温暖而湿润

最终它由于其速度的迟缓而变得温暖潮湿,潮湿同时也是由于它的组成物质有淡水粗糙颗粒的同时也包含细颗粒,因为它们同时在地面产生并上升。温暖是因为它把南方的细微物质带到北方。

 为什么 3 月末时风要比其他季节的风更干

我们同时也观察到在 3 月以及整个春天,风会更加干燥,大气的变化比其他季节更加突然和频繁。对此的解释同样可以通过地球 EBFD 来弄清楚,我假定太阳目前正对着代表赤道的 BAD,在此之前三个月一直对

着代表南回归线的 HN，它对于目前处于春季的 BFD 半球的辐射热量远低于处于秋季的 BED 半球；因此 BFD 半球与 BED 半球相比，覆盖有更多的积雪，其周围的大气也更稠密，云量也更大。这就是为什么在白天有更多的水汽在此膨胀扩张而在夜晚有更多的水汽凝结。因为在 BFD 半球地球接受到的辐射热量少，但是因为太阳的辐射热量并未减少，因此昼夜温差会更大。因此这里主要盛行于上午的东风与主要盛行于中午的北风，二者均非常干燥，一定比在其他季节更加强盛。

 为什么空气的变动如此迅速而频繁

同时，盛行于夜间的西风在此也相当强盛，出于同样的原因，盛行于上午的东风亦是如此。如果这些风的常规路线在每个区域，被某些或多或少能够导致大气膨胀或积聚的因素轻微地推进、阻滞或者偏转，它们则会相遇并产生雨雪风暴。当然这些很快就会停止，因为东风或者北风会驱散这些云，继续控制这片区域。我相信这些东风和北风就是希腊人所说的 Ornithies[①]，因为在春季很多鸟随风而来。

---

① 希腊语，一种鸟。译者注。

叫以太塞思（Etesies）的风

　　至于夏至日以后观察到的被称作以太塞思（Etesies）的风，很有可能来源于地面和北部水域蒸发的水汽，由于太阳在北回归线附近停留的时间足够长，这些水汽于是被蒸发上来。大家都知道，太阳在南北回归线上停留的时间按照比例来看比其在两回归线中间地区要长；我们一定认为太阳在3月份、4月份、5月份将较大部分极地的云和雪分解成了水汽和风。但是我们同时也应该知道，除了几周之后白昼略占全天一半以上的六个月以外，太阳是不能给陆地和海洋足够的热量去产生水汽，从而形成风的。

 ### 海陆的差异如何产生风

　　除此之外，假设地球表面被水体均匀覆盖，或者同样都没有水体，这些一般且规律的风就会如我所阐述的那样。因为如果像假设那样，则将不会有海洋、陆地以及山脉的区别，只有能够使水汽膨胀扩张，而不能使其凝结的太阳。

为什么海边在白天的时候风从大海吹向陆地，晚上风从陆地吹向海洋

但是必须注意的是当太阳照射的时候，它一般在海洋蒸发的水汽比在陆地多，因为陆地在很多地方是干旱的，因而不能提供如此多的水汽。另外，当夜晚的时候，存留的热量在陆地产生的水汽比在海洋多，因为它在陆地存留得更多。这就是为什么我们在海边的时候观察到白天风从海洋吹向陆地，夜晚风从陆地吹向海洋。

 为什么阿登斯（Ardans）能够指引游人走向海边

同时这也是为什么一种叫作阿登斯的火可在夜晚引领旅行者去向有水的方向，因为它们一直无条件跟随因海洋上空的空气被冷凝而从临近陆地向海洋运动的空气的线路。同时我们必须注意，与水面接触的空气会以某种方式跟随着其潮流。由此得知风经常沿着海岸变化，正如大海的潮涨潮落，在无风天气下沿着大河时我们能感受到顺其流向的微风。

 为什么海上的风暴要比陆地上的更为剧烈

其次还需注意的是来自水中的水汽比来自陆上的

水汽更加潮湿且浓重,并且前者总是含有更多的空气和蒸散物。因此同样的风暴一般来说在海面上比在陆地上更狂暴,同样的风可能在一个国家干燥但在另一国家湿润。

 为什么埃及的南风较为干燥,为什么那里很少下雨

因此我们说南风虽然在任何地区几乎都是湿润的,但在埃及是干燥的,因为那里只有非洲其余地方干旱高温的土地为它们提供物质来源。毫无疑问,这是那里几乎从不降雨的原因。尽管来自海洋的北风是湿润的,但是它们是该地区最冷干的风,所以不会轻易降雨,这一点大家会在后文得到答案。

 天体在多大程度上影响天气的产生并如何影响

另外,必须要考虑到随着日月距离的变化而变化的月光,以及其他恒星的光辉,也会影响到水汽的膨胀扩张。但是我们只是在相同的比例下感觉到作用于我们眼睛的光,因为它们是我们得以了解光的力量最可靠的标准。因此星的亮度与月球比起来显得微不足道,月球的亮度与太阳相比又显得微不足道。

天体是如何影响地球上不同地区天气气候的多样性

最后我们必须考虑到地球不同地域蒸发出的水汽量相差很大,因为天体辐射到山地与平原的热量不同,辐射到森林与草原的热量不同,辐射到耕地与荒漠的热量不同,甚至有某些地区与其他地区相比,自身温度就比较高或者容易接受辐射升温。

 大量不规则的风从何处来,为什么它们很难预报

当在大气中形成很多不同的云时,这些云可以被很轻微的风从一个地方输送到另一个地方,停留在距地面不同高度的空中,甚至相互堆叠。天体对最高处云的辐射量与对最低处云的辐射量不同,而对最低处云的辐射量又与对其下方地表的辐射量不同。它们对于相同地区的辐射也会因地表是否有云覆盖而产生不同,同时也会在雨雪前后产生不同。这使得预测在地球某地区每天出现某种风变得几乎不可能。事实上,经常会有很多方向相反的风在彼此之上吹过。

大风更好预报，为什么在大洋中央比朝向陆地的风更有规律

但是如果我们精心留意在此提出要注意的解释，我们还是能够很好地判断出大致什么风最频繁和强盛，在什么地区和季节它们盛行。同时在远离大陆的广袤海洋，我们仍可以做出判断，因为水面与地面相比，不均衡的情况较少，无规律的风发生得也较少。并且从海岸吹来的风几乎到不了那里，这一点已经被航海水手们的经验充分证实，他们因此把所有海洋当中最大的一个取名为太平洋。

大多数空气的变化取决于风

在此我认为唯一值得进一步探讨的地方就是，空气中的任何突然变化，比如当其变得比相应季节更加温暖、稀薄或湿润，都取决于风。不仅取决于发生变化区域中的风，同时也取决于其周边附近地区的风，以及产生风的种种原因。

为什么有时候当风是热的或湿润时，空气却是冷的或干的

例如，如果我们在此感觉到南风到来，它仅仅由于

某些特定原因产生并发源于当地,因此并未携带很多热量。同时,邻近地区有来自远方或高海拔地区的北风,后者十分细小的物质很容易到达我们的地区并引起大幅降温。这个南风由于仅来自邻近的湖泊,所以十分湿润,然而如果来自远方的荒漠平原,它就会十分干燥。因为南风只是由于湖泊水汽膨胀而产生,但没有北风水汽的凝结,与仅有冷凝而没有南风水汽扩张形成的风相比,它不可避免地使这里的空气密度更大、分量更重。

 地球上的水汽流向同样会引起空气的变化

如果我们在此解释之上加上土壤孔隙当中通过各种路径运动的细微物质和水汽,也同风一样,根据其经过土壤的性质,可产生各种蒸发作用。除此之外,云可以通过下降产生向下的风——就像我后面将要讲的——我相信我们将会得到所有显著的引起大气变化的原因。

第五章

论云

 云、水汽和雾的差别

上一章我们考察了水汽怎样扩张而形成了风,接下来我们来看水汽是怎样通过凝结和收缩而形成了云和雾。那就是,当水汽明显没有纯净空气透明,如果它们延伸到了陆地表面,我们就称之为雾,如果它们依然停留在很高的高空,我们就称之为云。

 为什么云不是透明的

值得注意的是,是什么使云变得不如纯净空气透明。当运动减慢,小微粒之间的距离变小,它们聚集成堆,变成小水滴或小冰晶。当它们在空中完全分散着漂浮时,它们很难挡住光线从中通过;当它们聚集起来时,虽然它们组成的小水滴或小冰晶依旧是透明的,由于每个表面都会反射一部分照在它们之上的光线,就像《折光学》中提到所有的透明物体表面一样,许多的表面很容易使得全部或几乎全部的光线被反射掉。

 水汽是如何变成云中的水滴

对于小水滴来说,当围绕在水汽微粒周围的细微物质没有足够的力,无法使它们分散开去,或互相排斥,但那力足够使它们弯曲,并使它们只要相碰撞到彼此就会聚集成为一个球体。

 为什么这些水滴是完美的圆形

这个球体的表面迅速变得光滑均一,因为接触表面的空气微粒运动方向和球体不同,也由于它孔洞中细微物质的运动方向和空气微粒中细微物质的运动方向不同(在讲到海水表面时已经解释过这个问题)。并且,出于同样的原因,它会变得几近球体,就像你经常能够看到的那样,河水打转,并在阻拦它在旋转的驱使下沿直线前进的地方画圈;以同样的方式,细微物质从其他物体的孔洞中穿过,就像河水流过长在河床上的水草。从空气中的一处到另一处,或从河水中的一处到另一处,要比从空气中穿到水中或反之更为容易(之前某处讲到过），它必须在水滴中旋转。在水滴外面，在围绕着它的空气中它同样会旋转，但方向和在水滴里面时不同。用这种方式，它将表面所有的微粒排成圈，因为它们不能放弃原有的运动，因为水是液体。不用怀疑，这已经足够我们理解为什么水滴是圆的，因为它们的组成和地球表面是类似的，没有任何理由使得圆周上的一部分距圆心比另一部分更远或更近，因为在空气的包围下，哪一部分也没有比其他部分受到更多来自空气的压力，至少在我们假设是平稳安静的时候是这样的。从另一个角度来看，我们可以推测出当它们足够小的时候，它们的重力不足以让它们分开空气继续下降，它们会变得更扁平或更薄，成为一个椭圆（图 12），就像 T 处或 V 处一样。因为我们必须意识到，在它们的边缘和下方都有空气，并且如果它的重力不足以使它替代它下方的空气，然后使之下降，那么它也不足够使周围的空气排开，让它们变得更宽。接下来我们可以推测出，当重力足够使之下降时，它们分开的空气使它们变得更加细长，就像 X 处或 Y 处一样，我们必须意识到，因为它们是被空气

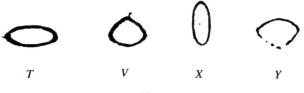

T	V	X	Y

图 12

完全包围的,当它们下降占据了下方的空间时,空气就需要上升到它之上,立刻填满因其下降而出现的空当。空气在它表面流动,它的形状比其他形状空气走更短的距离,更容易。每个人都知道,在所有的形状里,表面积相同的时候球形体积更大。因此,无论我们如何看它,这些小液滴一定是一直保持球形,除非是风吹或其他特殊原因,才可能改变它们的形状。

 什么原因使这些水滴变大或变小

至于它们的大小,取决于小液滴凝聚而成时水汽微粒之间的距离,以及它们运动的剧烈程度,还有能和它们一同凝聚的其他水汽量。因为它们开始的时候都是由 2～3 个水汽微粒组成,然后立刻水汽开始有点厚重,每 2～3 个微粒都重新形成更大的水汽微粒,如此直到它们不再继续凝结。当它们在空中停留,其他水汽会加入它们,使液滴更大,直到重力使它们下降成为雨滴或露珠。

 为什么这些冰晶有时大而透明、有时细而长、有时是圆形白色

当温度非常低时,会形成小冰晶,因为水汽微粒中的细微物质无法使之弯折。并且如果当小液滴形成之后温度才降低,形成的冰晶会保留液滴的圆球形,除非在与之伴随的强风作用下它会变得扁平。从另一个角度看,如果温度在小液滴形成之前就已经降低,水汽微粒很少在长边结合在一起,形成细长的冰纤维。如果低温按通常情况发生在这两个时间点之间某刻,水汽微粒弯折靠近来不及连接完善就下落,即当水汽微粒正要凝结液滴的时候,就会形成一个纯白色的冰坨,组成它的冰纤维虽然已经向彼此弯曲,仍然还处于分离状态,并有自己明显的表面。

 为什么圆白的冰晶表面会覆盖一层细小的冰针,什么使这层冰针变大或变小,变得短小粗壮或精致细长

这些冰坨是柔软、轻柔、光滑的,或者表面覆盖着细毛,因为总有一些微粒没有像其他的微粒一样迅速地凝结到一起,所以处在与之垂直的位置,因而形成了覆盖于表面的冰针。这些冰坨是大还是小,冰针细长或短粗,取决于温度降低得迅速或缓慢,水汽浓重或稀薄。

 仅仅是低温不足以使水汽凝结成水滴或冰晶

你可以看出,在水汽向水或冰的转换过程中,有两点是必要的:首先是微粒之间必须彼此足够靠近,第二是当它们互相碰撞的时候温度要足够低,使之凝结。如果微粒之间相距太远,都不会碰撞,即使温度很低也是不足够的;同样,如果微粒之间距离非常近,但是温度过高——即旋转和搅动过于强烈,它们也不会凝结到一起。因此我们很难看见云在空气中形成,即使温度足够低。

 为什么水汽会聚集成云

除此之外,还有一个必要条件是,西风阻止了水汽原有的运动,使它们聚集并浓缩;或者两股以上不同方向的风将水汽微粒汇集到一起;或者风迫使水汽微粒向着已经形成云的方向运动;再或者,最终,在它们从地球表面上升的过程中,它们一定会自发聚集到某朵云彩的下面。

 为什么水汽会聚集成雾

并且,雾并不是十分常见——不管是在冬天还是在夏天,虽然前者的温度足够低,后者的水汽足够充足。雾只有在既温度低,水汽又充足的时候才会发生,例如在一个炎热天气之后的傍晚或夜间。

为什么春天的雾要比别的季节多,沼泽或滨海地区的雾要比远离水源地区或内陆地区多

这种现象发生在春季的比例要比秋季和其他季节都高,因为在春季,白天温暖而夜间凉爽,热量在一天中的分布最不均衡。最易发生这类现象的地形为沼泽地或海边,远离水的陆地或远离陆地的水域则很少发生,这是因为水体比陆地散热更快,可以使由潮湿温暖的地面产生的大量水汽冷却凝结。

 多数大范围雾和大片云都是相对立的两股或多股风造成

但如同云一样,更大的雾往往在两股或多股风停滞的地方产生。因为风把水汽吹到一处,使水汽变得厚重,若近地面的气温足够低,则形成雾,或者上升至足够冷的地方,凝结成云。

 形成雾的水滴和冰晶一定非常细小

需要注意的是,这些形成雾的水滴或者冰晶一般来说非常细小,因为只要稍微重一些,它们就会在重力的作用下落到地面,那就将不是雾,而是雨或者雪了。

雾形成的地方一般不会有风,风会很快吹散它们

此外,有雾的地方一定没有风,否则雾会很快消散,尤其是那种由小水滴形成的雾。因为即使是非常微小的空气扰动,也会使小水滴迅速凝结到一起而降落下来,形成雨滴或者露珠。

 为什么云往往层层叠叠,为什么山区的云要比其他地方的多

还有一点值得注意的是,对于云来说,它们可以在任意高度形成,这取决于水蒸气在凝结成云之前上升的高度。这就是为什么我们经常看到云朵层叠着,而且可以看出它们受到不同方向风的搅动。这种现象多见于山区,因为和别处相比,山区的地表热量分布更不均匀,水汽上升的高度也就有很大差别。

 高云往往只由冰晶构成

从其本质来看,最高处的云往往是由小冰晶而非小水滴组成的,可以确信,那里的气温至少和高山上的气温一样低,甚至更低,即使是在盛夏那里的温度也不足以使冰雪融化。而且当水汽上升得越高,气温越低,则形成的冰晶越不容易受到风的扰动，因此一般来讲，云中位置较高的部分往往由纤长、分散的冰晶组成。稍微低些的云则由小冰块或小冰坨组成，它们非常小，表面覆盖着霜（细毛），再下面的一层，冰晶稍大些，而水滴往往在最下层形成。

 风会压迫和磨平云层的表面，把它们变平

当云周围的空气处于静止状态，或者被风吹动整体移动，这些小水滴或小冰晶之间，也会变得非常分散无序，这时形成的云和雾几乎没有什么分别。但对水汽来说，当它们被风扰动，一般不会均匀地分布在周围的空气中。因此，由于水汽和空气的运动方式不尽相同，空气在水汽的上方和下方流动时，会把水汽推到一起，使其形成阻力最小的形状，因此沿着风吹动的方向，它们的表面是平整均匀的。

 在这些平坦的表面上，组成它们的小冰晶规律地组织在一起：每一个冰晶的周围都另有六个冰晶

这里尤其需要注意的是，所有这些表面上的雪片和冰晶，都是结构精巧组织严密的六角形，松散地相连在一起，近到足以形成这样的结构。

两股风为什么会走不同的路径，一个高一个低，分别磨平云的上表面和下表面

比如（图 13），我们假设在地面 *AB* 的上方，风从西侧的 *D* 处吹来，那么它和正常的空气是相对的，或者说它和东边 *C* 处吹来的风是相对的。然后假设在空间 *FGP* 处，这两股风相向运动而使彼此静止，并使聚集的大量水蒸气凝结成液滴。同时，因为它们方向相反而风力相当，因而此处的空气是稳定静止的。当两风风向相对时，常常发生以上情况，由于在地球表面同一时刻往往有很多不同的气流，它们沿着既定路线运动，除非遇到与之相对气流的阻挡，否则很少会突然转向。

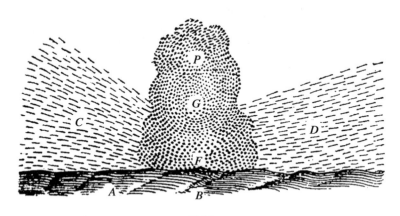

图 13

但是风力之间的平衡从不会持续太长时间，因为当物质聚集得越来越多，除非它们停留在密集的状态下，这种情况非常少见,并且根据其所在位置,在云的上方或下方,甚至穿过或绕过云,最为强劲的一支气流最终会取代或吞并其他气流。

这样,如果强劲的气流没有使其他所有支流一并减弱,至少也会改变它们的方向。例如,假设在 G 和 P 两个气团之间有一股西风,使得东风在其下方吹向 F 处,在那里形成雾并降下来成为露珠,并在其上方 G 处形成了一团云,由于其夹在两支气流中间,而延伸成扁平状。

 在云的下表面或云片中是如何聚集起小冰晶的,每一个小冰晶都被六个同样的冰晶环绕

在云 G 上下表面和云 P 下表面的冰晶,它们的排列方式一定是中间的冰晶被周围六个冰晶围绕。因为没有什么原因阻止它形成这样的形状,所有规格一致的圆形物体受到相似力的作用在一个平面上移动的时候,都会形成这样的排列。通过一个实验就可以看出来,如果把一两排零散的珍珠随机撒在一个盘子里,轻轻摇晃或它们吹到一起,它们就是这样排列的。

 这些云片或云的表面在运动中彼此远离

但请注意,在这里我只是针对上表面和下表面而言,并不是指内部的冰晶,因为被风吹拢过来或吹散出去的物质量并不平均,因此其边缘往往形成不规则、不均匀的形状。同样不要误认为,云 G 内部的小冰晶与其表面的小冰晶排列方式相同(图 14),因为它们远不如后者那样明显(易于观察)。再次考虑那些小冰晶,它们在完全形成之后,能够停留在云的下方。因为如果它停留在空间 G 处,在 A 处附近地面上升起来的水汽在空气中会逐渐冷却,并形成小冰晶,被风吹向 L 处。而且毫无疑问,这些小冰晶的排列方式也是一个被六个小冰晶环绕的方式,保持在一个平面上,互相之间的作用力相当,只要有充足的水汽,接下来就会在云表面之下组成很多冰晶层。

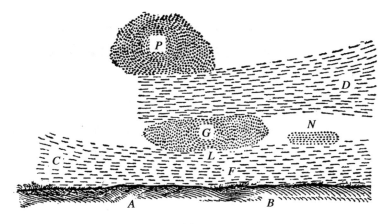

图 14

有些云可能只由这些云片构成

此外值得注意的是,从云和地面之间穿过的风,对位于云最下面的冰晶层产生的作用力要大于其上方的冰晶层,对于这个冰晶层的作用力要大于再上方的冰晶层,以此类推。风甚至可以将冰晶层剥落分开,并且会吹掉冰晶两侧的细冰丝,使冰晶的表面变得光滑。

风同样也会使云 G 下方的冰晶层部分脱落,并随风带走,比如被吹向 N 处,形成一朵新的云。

 小水滴和小冰晶在云中的排列方式一样

虽然我在这里只讲了小冰晶,它们往往是团状或块状的。这对于小水滴来说也是非常容易理解的,假设风并不大,不会使它们彼此扰动,或者假设在它们周围有水汽扩散,或者更为常见的是,它们被未凝结成水滴的水汽分割开来。此外,一旦当它们互相碰撞,便会聚集成为一个较大的水滴,在重力的作用下降落下来,形成雨水。

为何有时候大块的云团周边圆滑、形状均一，并且周边表面覆盖着厚厚一层冰晶，但其重量并不会使其坠落

　　此外，我刚刚关于云外围形状往往不规则和不均匀的论述，只有在云的高度和宽度都小于其所在气团的时候才成立。因为如此大量的水蒸气，有时会在两支或多支气流交汇的地方出现，它会使这些气流围绕中心旋转，形成一个异常大的云团，它在各个方向都受到这些气流均匀的压力，会形成一个边界连续完整的圆形。当这些气流的温度比较高时，或者暴露在日晒下，这种云就会形成一个由许多冰晶组成的外壳，即使它们变得很大很厚重，在云团的其他部分的支撑下，也并不会降落下来。

第六章

论雪、雨和冰雹

 为什么云可以在空气中飘浮

在云层形成之后,有很多因素共同阻止它的立即下沉。首先,因为组成云的冰晶和水滴非常细小,因此其表面积与质量的比值非常大,当其在自重的作用下下降时,很容易产生更强的空气阻力阻止它们下降。第二,近地表的空气比高空的空气更浓密,通常产生的风会更强些;因为这个原因,空气更趋向于从下往上运动而不是相反方向。因此,其不仅可以阻止云的下降,甚至经常使这些颗粒上升到超过原来的位置。水蒸气具有同样的效果,从地表上升或来自于其他方向的水蒸气可以使位于其下部的空气扩散。

为什么热量往往使物体变得稀薄,并可以促进凝结成云

再次,热空气也有同样的效果,通过扩张并阻止上面的云层或者冷空气,通过收缩吸引它们或以类似的方式。特别是,当风推动着相互靠近的冰晶颗粒时,使得它们互相接触但又不能完全固结成一个整体,这时就形成了一个稀薄的、轻质而延展的气团,薄而广阔的团体,如果没有因为热量融化其中的一些颗粒,而是通过这种方式冷凝和增加重量,它几乎不会降落到地表。但是,正如前面所说的,当水冻结成冰时会发生一定程度的膨胀,所以我们一定要注意热空气经常会使云冷凝,虽然它通常使其他物质变得稀薄。

 为什么组成云的冰晶粒子会被压缩成各种各样的雪片

在雪的形成过程中,很容易通过实验证明这一点,除了是冷凝的,雪和普通的云具有相同的物质组成。我们看到,当把雪置于一个暖和的地方时,在没有融化出水和重量没有减轻的情况下,其体积就缩小了很多。它的发生在某种程度上来说是由于组成雪花的端点部位比其他部位要细小,融化速度更快。但是一旦它们融化,也就是说它们变得更柔韧了,好像被活化了,它们就会滑向附近的雪花并依附在一起,因此不会脱离原来的整体,而是使它们彼此更接近了。但是组成云的颗粒通常比组成雪的颗粒之间距离要远,以至于颗粒之间不能相互靠近,颗粒之间的距离反而会越来越远。这就是为什么云被空气均匀地分开之后,分裂成很多小堆或者雪花,之后云的颗粒被压缩,热量更加发散,它们将会变得更大。当云上部有风或空气扩张,或有类似的事件发生,将首先导致最上层的雪花开始下降,它们在下降的途中与其他颗粒黏结在一起变得更大。之后,通过凝结使其变得更重,很容易使其下降到地表。当它们在下降的过程中没有完全融化,就形成了降雪。但是如果在它们下降的过程中,空气比较暖和并使其融化,这将转变成为降雨,夏季和其他季节的大部分情况都是如此。有时候它们可能融化了或者大部分融化了,但是遇到了冷气流使得它们再次凝结并转化成为冰雹。

 为什么冰雹有时是浑圆而透明的,有时一边比另一边扁些

冰雹可以有很多种类。首先,如果冷空气遇见的是已经完全融化的水滴,将会形成全透明的、浑圆的颗粒,除了有些会因为冷空气与水滴相遇的那一面稍微扁平一些。

特别巨大的冰雹往往是粗糙且不规则的，它们是如何形成的

如果冷空气遇到融化的雪花，但尚未完全融化成水滴，将形成有棱角状的冰雹，且形状不规则。这种冰雹颗粒有时候会很大，因为冷空气向下运动追逐云层，推动里面的雪花互相碰撞黏结，使它们冻结成为一个整体。

为什么有时会感觉房间里比平时更热

这里必需要注意的是，当这种冷空气接近正在融化的雪花时，这是空气中最活跃、最粗糙的细粒物质，会把雪花周围空气的热量卷入雪花的孔隙中。因为冷空气不能快速地透过它们。这与有时候一阵风或一场雨使其外表冷却是一样的。

为什么特别巨大的冰雹表面透明，然而里面是白色的雪

雪花孔隙中的热量更趋向于向表面扩散而不是向中心位置，在这里细颗粒能更好地运动。在它们再次冻结之前，表面的热量会使它们不断融化，甚至几乎全部融化成液体的雪花，其他地方最活跃的雪花也是趋向于表面,然而那些来不及融化的将待在中心位置。这就是为什么当你打破一个这种冰雹颗粒,你能看到其外表通常会是一层透明的冰,而里面会有一些雪。

 为什么大冰雹往往只在夏天出现

除了在夏季,它们很难降落,这就保证了云是由微小的冰粒组成的,冬季也是这样。阻止这样的冰雹——至少冰雹颗粒相当大——在冬季下降的原因是,云几乎不含有足够的热量,除非它们距地面足够低,已经融化或接近完全融化,在到达地表之前没有足够的时间再次被冻结。

 像白糖一样的冰雹如何形成

但是如果雪没有完全融化,仅仅只是轻微地受热和软化。当冷空气将其冻结为冰雹时,将不再是透明的,而是像白糖一样。

 为什么这些冰粒往往浑圆,表面比内部更加坚硬

如果雪粒非常小,只有豌豆那么大或更小,会使每一个雪粒都转化成一个浑圆的冰雹颗粒。

为什么有时冰粒的形状会像金字塔或方糖

但是如果它们比较大,就会裂开成金字塔状的颗粒。当冷空气围绕着这些雪花时,其孔隙中的热量就会使颗粒向中心部位收缩,从而使它们变得非常圆,很快冷空气会浸透并使其冻结,这就会使它们比雪粒更加坚硬。由于颗粒相当大,热量会继续使内部的细粒向中心部位收缩冷凝,而外部由于温度低,细粒物质非常坚硬,无法和内部一起向内收缩,这就会导致颗粒内部向中心方向发育出平面型或直线型的裂隙。随着冷空气不断向颗粒内部浸透,裂隙会不断生长,最终破碎成很多棱角状的碎片。几乎每个颗粒都会破碎,但是,据我了解通常情况下至少分裂成八块,也有可能是十二、二十或者二十四块,但更多是三十二或者更多。这主要取决于颗粒的大小、里面雪花的细小程度以及空气寒冷程度和冷却速度是否迅速。

我不止一次观察到这样的冰雹,其颗粒形状像是一个球体被通过球心的三个正交平面分成八块。我也观察到其他更长更细的冰雹,其大小只有其他冰雹颗粒的四分之一,虽然由于收缩削弱了其棱角使其变得更圆,但是其形状还是像一块白糖。我也注意到,在下这种冰雹之前、之后或是之中,也会经常降落一些球形的冰雹。

雪花是如何形成像车轮或星星一样的形状,并且都是六个瓣

但是通过跟雪对比,关于冰雹多样的形状不应有太多的惊奇。在风的作用下,细小的冰疙瘩或小冰块成层状组成雪,正如我上面所描述的那样。当热量开始融化这些细小的绒状雪花时,首先融化的是顶部和底部,因为这些部位最容易和热空气接触。作为一个结果,这将导致从其中融化的少量液体会在整个表面铺开,填补了表面微小的凹凸不平。这就使得当再次冻结后,其表面平整光滑的跟液体表面一样。如果热量不足以完全融化这些小的冰绒时,其表面就会被空气包裹,里面也不会融化,会很快被再冻结。

之后,这些热量还是会软化和融化每个雪花周围的细小雪绒,每个雪花由六个相似的雪绒组成。这就会使与邻近的六个雪花距离最远的雪绒不规则的弯曲,相对地就会粘接在一起。对于其他的雪绒,由于邻近雪花的冷却作用而不能融化,相反,在它们混合之后会使其再次冻结。

通过这种方式,每个雪花周围形成六个节点和一个雪花半径的范围,具有很多不同的形状(图 15),主要取决于雪花的大小和密度、雪绒的强度和长度以及热量的强度;还取决于和热量随行的风的大小,至少要有风的伴随。所以雪花的外部形状通常是 Z 或者 M 的样子，之后会变成 O 或者 Q 的样子，组成云的每一个冰粒具有玫瑰或星星的形状。

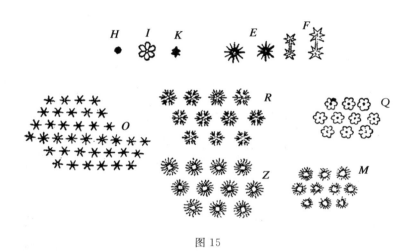

图 15

 椭圆的六角形透明雪花是如何降落的

但是，为了让你相信我说的这些问题不只是个人观点，我要说明我在 1635 年冬天所观察到的现象。2 月 4 号，空气极度寒冷，晚上阿姆斯特丹——我当时在那里——生了一点霜，这是降落在地面的雨冻结形成的。不久降落了非常细小的冰雹，其颗粒大小只比呈现的 H 稍微大一点，我判断这是同一场雨的雨滴在高空冻结形成的。然而，和以往这种冰雹颗粒往往会是圆形不一样,其颗粒不是非常圆,而且其中一个面比其他面要平,就像我们眼睛的晶状体相似。从这个现象我明白了,强冷空气在冻结雨滴时,有足够的力量去改变它的形状。但是让我最吃惊的是,我注意到在最后降落的冰雹颗粒中,有些颗粒的周围有六个小牙齿状的东西,就像钟表的齿轮,这些跟 I 比较相似。这些小牙齿非常白,像白糖,而颗粒本身是透明的,相对来说就会显得黑暗一些,这些牙齿很明显是在冰雹颗粒形成之后,由细小的雪花粘接在上面形成的,就像霜粘接在植物上一样。我之所以如此清楚地知道,是因为最后我碰到一两个冰雹颗粒的表面有无数的冰绒,比组成牙齿状的雪花还要更加灰白更加细小,就像火炉中正在燃烧的煤上面覆盖的那层没有破裂的煤灰与燃烧干净堆积的煤灰的区别。我煞费苦心地想象,在自由的空气中和强风的搅拌下,是什么能使每个冰雹颗粒周围正好形成六个牙齿一样的东西,直到最后我认为强风已经能轻易地携带一些颗粒到云的下面或者距离云比较远的地方。因为颗粒很小,所以能够使其不降落,并且在这里根据通常的自然规律,在同一个平面上每个颗粒会被其他六个颗粒包围。此外,我意识到空气中的热气很有可能在这之前一点到来,为了形成我观察到的雨雪,还必须携带一定的水蒸气,在不断向冰雹颗粒吹去的过程中,就会在其表面冻结成纤细的冰绒;并且可能水蒸气提供了一个支持力,所以直到更多的热量来临之前,它们可以保持悬浮在空中。我还意识到热量会使每一个冰雹颗粒表面的冰绒快速融化,但是不会融化颗粒周围与其相对的另外六个颗粒,因为它们自身的低温阻止被融化,融化了的冰绒很快会和没有融化的六个颗粒混合,以此来使其变大并且不容易被热量穿透,它们被冻结在一起,所以形成了六个牙齿。而我看到最后降落的颗粒具有无数冰绒,是没有受到热量影响的。

 细小透明的六瓣冰晶粒子如何降落

第二天早上大约八点我又发现了另外一种冰雹,或者说是雪,我从来没有听到任何人说过这种冰雹。它是由非常平整、光滑并且透明的小薄片组成,其厚度跟一张稍厚的纸差不多,大小跟图 15 中的 K 一样,其形状是较完美的正六角形,每条边都是如此的平直,每个角都如此的相等,是人类无法做到的。我马上意识到这些薄片最开始是小块的冰,以我刚才说过的方式排列,由于强风伴随大量热量融化了上面所有的冰绒,其水分填补了所有的裂隙,使原来通常的白色变成了透明状。同时我发现,这种风强烈到可以使它们碰撞在一起而不留间隙,并且不断磨平其上下表面,所以形成薄片状的形状。有一个小小的疑问是,这些冰片表面发生了融化,同时又在强风的作用下不留间隙的碰撞在一起,但是却没有粘接在一起。虽然我很努力地寻找,却没能找到一个粘接在一起的。但我很快弄明白了,考虑到强风在吹过的时候会不断搅动和连续弯曲水表面的小颗粒,不会使表面变的粗糙或是不平整。通过这个我认识到,风总会以同样的方式弯曲云的表面,通过以稍微不同的方式不断搅拌每一个冰粒,虽然这使得它们不会粘接在一起,也不会因此而杂乱排列,但是同时这会使颗粒表面不断平滑,以同样的方式,我们有时会看到它会打磨田野尘埃不平的表面。

 ### 其他像玫瑰花状的、齿轮状的六齿冰晶粒子排列成半圆形

在这个云之后,这儿又来了另外一个,它只产生小玫瑰状和车轮状的颗粒,其六个牙齿状的东西排成半圆形,就如图 15 中 Q 所示,它们非常平滑、透明,其厚度大约跟前面提到的薄片差不多,其完美的形状和大小只能是想象中才有。

 ### 为什么有些齿轮状冰晶在中心会有一个白点

我甚至认为中间的那些微小的白点,就像是有人说的像是用圆规画出来的。但这对于我来说很容易判断

它们跟上面所说的薄片是同样的方式形成的,除了风对它们的压力更小一点以及热量对其影响稍微少一点外,其表面的冰绒并没有完全融化,只是稍微变软并在牙齿形成时依附在其末端。关于有些颗粒中间存在小白点,我很肯定那是热量的原因造成的,热量将它们从白色变成透明的,但由于比较温和而没有浸透到中心。

后来紧接着有很多车轮状的冰雹颗粒和轮轴两两组合在一起,或是说,因为这些轮轴相对于车轮太大,你可能会说这儿有好多小水晶柱簇,而且每个水晶柱的末端点缀着一朵花瓣较晶柱稍微大一点的六瓣玫瑰。但是稍后,降落了一些更加细小的颗粒,并且其端点的玫瑰花或者星星大小不一。然后又降落了更加扁平的颗粒,逐渐地直到最后星星状颗粒的加入,其颗粒都是非常的扁平。也降落了具有十二个尖端的颗粒,半径更大,比例非常完美,其尖端有的大小相等,有的间隔不等,如图 15 中的 F 和 E。所有的这些给了我机会去思考,云层中两个不同平面和不同层位上的冰粒比单独一层的冰粒更容易粘接在一起。正如前面所说的那样,虽然风能够使它们移动更快一些,通常对下层影响要比上层更大,但是风有时候也能阻止它们运动,以同样的方式使它们呈波浪形。这种情况发生往往是由于两个或三个云团相互影响,然后,筛选其组成的冰块,风使得不同层位的相应冰块互相依靠保持不动,尽管这些层之间存在扰动和波动,因为通过这种方式,更容易形成风的通道。同时,靠近的不同层位之间,因为相对冰块的冰绒融化时会阻挡热量,单层的冰块融化也会阻挡热量,所以热量只是融化了它们周围的冰绒。那些剩下颗粒的快速融化会立刻再被冻结,因此会形成车轴状和晶簇状与小冰块的组合,同时它们会变成玫瑰和星星状。最开始,当我看到这些晶簇的大小时我并没有感到惊奇,虽然我清楚地知道两层冰块周围的小冰绒物质不足以形成如此巨大的晶簇。因为我认为可能有四或五层在一起,因为中间的两或三层很少暴露在风中,所以热量对中间层的作用要比外面两层强,这就使中间几层的冰块全部融化并形成晶簇状的样子。

 为何时而以一个冰柱或小冰轴两两连在一起,为何时而连在一起的两个冰晶粒子一大一小

我也没有对两个不同大小的星星状颗粒在一起感到惊奇。因为,我注意到最大颗粒的半径总是最长的,而且比其他颗粒要尖。我判断这是由于热量因素造成的,小颗粒比大颗粒周围的热量要强,使其融化得更多也更软;或者小颗粒本身就是由更小的冰块形成。

为什么有时候降落下来的冰晶粒子有十二个瓣

最后，对于后来降落有十二个角的双星颗粒我也不感到惊奇。我判断它们都是因为在热量影响下由六个角单个黏接组成的。两层之间的热量要比外面高出几度，所以会使黏结两层的细小纤维状冰完全融化，因此使它们黏结在一起，同时使和其他黏结的纤维状冰缩短，这些冰晶我在不久前看到有降落。

 虽然很少见，但偶尔也会有八个瓣的冰晶粒子

在那天我观察过的成千上万小星星状颗粒中，虽然我努力搜寻，除了极少数有十二个边花，四个或五个星星有八个边花，我没能再找到一个多于或少于六个边花的星星。有八个边花的星星不是很圆，像其他的一样有点椭圆，与你在图 15 中 O 看到的完全一样（译者注：疑原作者笔误）。通过这些我判断，它们的形成是由于在风的推动下，两层端点位置结合在一起，同时，热量将这些细小冰块变成星星状，因为它们原本就具有塑造成这种形状的特征。这种黏合沿着直线进行，风造成单层颗粒的起伏会阻止它们黏合。此外，当它们互相靠近的时候，在层边缘之间热量可以比其他地方更强一些；因为热量使这里的颗粒处于半融化状态,当与随后的冷空气接触时很容易就冻结在一起了。

 为什么有些雪花是白色的,有些是透明的,为什么有些瓣如牙齿短而圆,有些细长分支像羽毛或蕨叶

对于其他的,除了上面提到的星星状是透明的,那天降落了很多像白糖一样的冰晶。其中有一些与透明雪花具有相同的形状。但是大多数有更加尖锐细长的边花,并且通常被分成三瓣,外面的两瓣以不同方向向外扭曲,中间的保持直立,所以很像一朵百合花,就像图15中 R 一样。有些时候很多冰晶也像羽毛,或是蕨类植物的叶子,或是类似的东西。在这些星星状的颗粒中同时也降落了很多纤维状的冰粒,没有什么明确的形状。

所有造成这些形状的原因很容易理解。如关于星星的白色,这主要是因为热量没有浸透到颗粒内部,而比较细小的颗粒都是透明的,通过对比很容易发现。如果有时候白色颗粒的边花比透明颗粒的更长更钝,这不是因为热量使其融化得更多,而是因为它们之前受到风的挤压作用。它们更长更尖是因为其很少融化。当这些边花被分成很多瓣,是因为当它们为了聚集而靠拢时,热量就放弃了组成它们的冰绒。它们只被分成三瓣,是因为热量稍迟才离开,当热量离开时,旁边的两瓣向外扭曲,远离中间的那瓣,因为两边的两瓣靠近中间的那部分会迅速冷却而不易弯曲,这就使每个边花变成了一朵鸢尾花。

那些没有特定形状的颗粒使我确信所有的云不仅仅只是由小冰疙瘩组成;而是还有一些杂乱混合的纤维。

 这些冰星如何从云中降落

至于导致这些冰星下降的原因,持续了一整天风的怒吼使我非常清楚,因此我判断风能轻易地弄乱和弄破冰星组成的层位。一旦它们变得混乱,通过一边向地面倾斜,就会很容易切割空气,而且它们非常平滑,具有足够的重量下降。

 为什么它们在平静的天气中降落意味着马上会有一场大雪,而伴随着狂风降落时则相反

但是如果有时这些冰星在一个非常平静的天气降落,这是因为下部的空气收缩把整个云向下吸,或是上部的空气扩张把整个云向下推,通过这种方式扰乱它们。因此,通常这种情况的发生会伴随着更多的降雪,但是那天没有发生。

第二天早上,雪花飘落,就像是无数非常小的星星在一起。但是,当靠近观察,我发现里面的颗粒不及上面的形状规则,并且上一章图 14 中标记成 G 的云融化就很容易形成这些。

当雪停了下来之后,一阵风暴造成了小白色冰雹的降落。这种冰雹颗粒很细长,每个颗粒都像是一块白糖。因为大气很快就变得晴朗平静,所以我判断这种冰晶是从云的最上部形成的,因为这里的雪非常纤细,由非常细的纤维以我前面描述的方式组成。

三天之后,看到完全由周围无数冰绒缠绕的微小冰粒组成的雪,它们没有一点星星的形状,我肯定了在这个问题上我之前的想法。

 雨如何从云中降落,为何雨滴有大有小

就仅由水滴组成的云来说,我们很容易理解它是怎样形成雨降落:即当水滴足够大的时候通过自身的重量,或者取决于其下的大气组成,或其上的大气压力使得它们下沉,抑或是以上一些原因同时发生。当大气底部出现收缩时会有最小的降雨,雨滴有时太小,我们不称之为降雨,而是降雾。但另一方面,当云下沉的时候发生特大的降雨,只是由其上空气压力导致。最高层的水滴最先下降,在下降的过程中与其他水滴结合,使得水滴越聚越大。

 为什么有的时候天上没有云却在下雨

除此之外，我曾在夏天看见，在伴随着炎热和沉闷的风平浪静的天气里，突然降起了雨，在这之前，没有任何云出现。这种情况发生的原因是大气中有许多水蒸气，无疑是由来自其他地区的风引起的，如同空气的稳定和重量证明的那样，由水蒸气转化而来的水滴在下降的过程中变得越来越大，当它们形成雨时落下。

 雾是如何降落成露珠或白霜的，夜雾本质是什么

对于雾来说，地表温度下降，空气的气孔收缩都会引起它们下沉。如果它由水滴组成，就变成了露珠；如果是由水蒸气组成，就变成了毛毛细雨或是白雾，它们有的已经冻结，有的在接触到地表时冻结。而且这样的情况尤其发生在晚上或清晨，因为这两个时段是地球离太阳最远的时候，因而温度很低。但是通常情况下，风通过吹向其来的地方使得雾降低。它甚至能运输物质，使其携带的露珠和霜降到不被发现的地方。这就是为什么我们只在植物的迎风面发现有霜与露附着在其上。

对于夜间的湿气，它们只在晚上降落，并且仅因在某些场所引起寒冷和头疼而得名。它存在于某些细而具有穿透性的蒸散物中，这些蒸散物比水蒸气更稳定，只在一些天气很好、相当热的地区上升，当太阳的热量减弱，它们又降落下来。根据其蒸散物上升地区的不同，这就是为什么它在不同的国家具有不同的特征，甚至在一些地区尚未为人所知，我并不否认它常常与露水一同来，露水常随着夜晚的来临而降落，但我并不是说，露水绝不是引起我们所控诉的疼痛的原因。

 吗哪(甘露)①是从哪里来的，为什么它会附着在某些特定物体上面

吗哪也是由蒸散物组成的，如同其他甘露在夜间从空气中降落；对于蒸汽，它们只能转化成水或者冰。这些吗哪甘露降落不仅仅因国而异，而且其中一些只附着在特定的物体上。因为其粒子的形状使其无力抗衡其他物体，而被抑制住留在该地。

---

① 吗哪(Manna)：源自《圣经》中的含义，指在古代以色列人集体迁出埃及时，在旷野中行走 40 年，没有食物，上帝赐给他们的食物，一直吃到目的地，传说吗哪随露水一起降在营中，是像白霜一样的圆形小珠。现用来比喻"精神食粮"或"灵魂的粮食"。译者注。

为什么没有出现露珠却有晨雾是要下雨的预兆

但是如果露水没有降落，并且早晨看见迷雾升到高空，地面干燥，这就是降雨的征兆。这很少发生，除非地表在晚上不够冷，或者在早晨格外热；然后产生大量的水蒸气，把雾气推向天空，因此通过与其他水蒸气碰撞而变大，其后不久产生降雨。

 为什么阳光明媚却乌云浓厚是下雨的预兆

我们也能通过观察，发现降雨的征兆：当空气里负载了太多云，然而清晨的时候太阳看起来非常清晰。这意味着在临近我们的空气里没有其他的云位于东方，这可能会阻止太阳的热量压缩位于我们上方的云朵，甚至还会影响新的水汽从人类活动的地表上升。但是这种状况只会发生在早晨和中午前没有下雨的日子里，这没有给我们判断晚上将会发生什么的证据。

 为什么任何下雨的迹象都有不确定性

我将不会说任何我们能观察到的许多降雨的征兆是准确的，因为它们多半并不确凿。同等的热量通常是必要的,以便于压缩空气,并使其聚集雨水。另一方面,如果你认为同等热量也能使它们膨胀,并转换成水蒸气,有时在空气里不知不觉中失去自己,有时产生风,比如云离子是否更挤压在一起,还是分散开来;又比如邻近的湿气是否或多或少地扩张了,还是被压缩了,你将会清楚地发现,所有这些事情是如此多变而不确定,使得人类无法准确地预测。

第七章

暴雨、闪电和空中的其他闪光

 为什么当云下沉的时候会造成非常猛烈的风

此外，不仅仅是云溶入水汽时能产生风。有时候它们突然下沉，以强大的力量推动下面所有的空气，就会产生短暂但强烈的风，这就像是在距地面一定高度上支起一张平铺的帆，然后让它降落下来。

 为什么大雨来临之前往往会有强烈的风

在强降雨之前总是会有这种风，风向很明显的是从上往下，而且它的低温表明其来自于云层，因为那儿的空气比我们周围的空气温度要低。

为什么下雨前燕子飞得很低

这种风会使燕子飞得很低,从而警告我们雨的来临。因为这种风会从上面带下来一些小昆虫作为燕子的食物。而在天气比较好的时候,燕子们通常在比较高的地方飞翔,咕咕欢飞。

 为什么在下雨前有时可以看到煤灰或稻草在烟囱下面壁炉角落里打旋

即使云团比较小或只是下沉了一点点,这种风会很微弱,甚至我们无法感觉得到。有时候这种风会向下吹进烟囱,使壁炉里面的灰烬和秸秆形成一个小旋风,如果你不知道这个原因的话,会感觉非常惊奇,接下来通常会有雨。

 台风如何产生

但是如果下沉的云是非常重且范围很大,这种现象在大海上空比其他地方更容易出现,因为这里的水蒸气会均匀地扩散开,所以只要有一小片云形成,它就会马上向周围扩散开,这绝对会形成暴风雨,其大小由云的大小和重量决定,持续时间由云的高度决定。所以我相信，这就是为什么在大航海时代水手们会非常害怕遇到台风，特别是在离开好望角不远的地方。因为从埃塞俄比亚海上升的水蒸气被太阳大范围强烈加热，能很容易引起一个突然的阵风，从而阻断了来自于印度洋水蒸气的天然通道，使它们集合组成一个单独的云团。这主要由于两片海域和陆地空气的不均匀造成，云团会马上变得非常巨大，比在平原、湖泊和山区空气的不均匀形成的云要大得多。因为这里不会有其他类型的云，所以只要水手们察觉到它开始形成，即使有时候看上去非常小，佛兰德人把它比作是公牛的眼睛，据此得名，并且其他的空气看上去非常平静，水手们也会赶快系紧船帆准备迎接暴风雨的来临，因为它马上就会来临，不会出错。我甚至判断当开始的时候云看上去越小，暴风雨就会越大。因为它无法大到能够遮掩空气或者能被清楚地看到，也不能变得相当大，它看起来如此小是因为离我们非常远。你知道云从高处降落时，比重越大形成的暴雨就会越强大。所以，这种云很高，突然变得很大很重，马上整体下降，就会强有力地推动它下面的所有空气，通过这种方式形成暴风雨。

 在风暴快要结束时帆船桅杆上的火光（圣埃尔莫之火）如何产生的

需要注意的是，通过搅拌空气中的水蒸气可使其扩散,而海浪的搅拌作用也会使之后从海面蒸发的水蒸气扩散。这会大大增加风的力量,通过减慢云下降的速度会使暴风雨持续更长的时间。然后,在这些水蒸气中会有一些通常的蒸散物,云不能像推动水汽那样远地推动它们,因为它们的颗粒不够结实并且形状不规则,就像上面说的那样,通过空气的搅拌它们会被分离出来,跟我们通过敲打奶油从脱脂奶分离奶酪是一样的。通过这种方式它们聚集成簇,逆着云往上飘,一旦云下降,它们就会和船上的绳和桅杆粘接在一起。由于强烈地搅拌作用,它们可形成圣埃尔莫之火(feux de saint Helme)①,它能让水手感到安慰,带给他们见到好天气的希望。

 为何古人看到两个这种火焰认为是好兆头,而仅看见一个或三个就是恶兆

通常这种暴风雨是越到最后越猛烈,而且很多云层上面叠置着另外的云层,每一层下面都能找到这种火焰,因此当古代人看到一个这样的火焰时,他们称之为

---

① 圣埃尔莫之火(feux de saint Helme)是一种自古以来在航海时常被观察到的发光现象,一般在船只桅杆顶端等尖状物上,产生如火焰般的蓝白色闪光,经常发生于雷雨天气时,是由于雷雨中强大的电场造成场内空气离子化所致,美国科学家、政治学家富兰克林是首位较为准确地描述了其科学本质的人。"圣埃尔莫之火"因来自守护海上航行的圣人圣埃尔莫而命名,译者注。

海伦（Helene）①星，认为是一种不好的征兆，好像他们还要等待一场更猛烈的暴风雨一样。但是，当看到两个这样的火焰时，他们称之为卡斯托耳（Castor）和波吕丢刻斯（Pollux）②，在他们看到的大多数情况下认为是一个好兆头，也有可能是一场特大暴风雨。当他们看到三个这样的火焰时，认为会给他们带来厄运。

 为何现在的船只上可以看见四个或五个火焰

然而，我猜想，我们的水手有时候能看到多达四个或五个，也许是因为他们的船更大，比古人的船有更多的桅杆，或是因为他们经过地方的蒸散物很丰富。归根到底，我只能从推测的角度来说公海上面发生的事情，因为我从来没有看到过，所以对它们只有零星的描述。

 雷产生的原因

但是，对于有雷声、霹雳、旋风和闪电相伴的暴风雨，我在陆地上还是看到过一些实例。我确信，这是由

---

①　古希腊神话中的美女，宙斯和丽达的女儿，因其美貌引发了著名的特洛伊战争，译者注。

②　古希腊神话中的神灵，宙斯和丽达所生的双胞胎，也就是海伦的双胞胎哥哥，他们援救遇难船员，受人们祭献牺牲而赐予顺风，后来宙斯把他们置于天空，成为双子星座，译者注。

于很多云层叠置所造成的,以至于有时候当最高层的云突然整体向最底层降落时,就会出现这种现象。从而,如果两个云层 A 和 B 只由稀薄而广阔的雪组成,温度稍高的空气会存在于位置较高的云层 A 周围,而不是位置较低的云层 B(图 16)。很明显空气的热量会浓缩 A 云层并慢慢增加其重量,通过这样一种方式,最上层的颗粒首先开始降落,在途中以推或拉的方式带动大量其他颗粒,这将很快使它们降落在位置较低的云层上并伴随着巨大的噪音。同样的方式,我记得以前在阿尔卑斯山见过,大概是 5 月份,当雪被太阳加热并使其变重,空气的一点干扰足以使其中的一部分整块整块地崩落,对于我来说,这叫雪崩,巨大的响声不停在山谷回响,跟雷声很是相似。

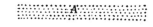

图 16

为什么冬季的雷比夏季少

因此，我们能够理解为什么在这个地区冬天的雷声比夏天要少，因为冬天处在最上层的云不是很容易吸收能使其融化的热量。

 为什么在南风之后感到潮湿闷热可能是打雷的预兆

我们也能理解为什么炎热的季节，在短暂的南风过后，我们会感觉沉闷的湿热，这是雷声将要来临的信号。这意味着这种南风，通过与地面的摩擦，推动热量到达空气中最高云层形成的地方。之后，当它本身被推向最低云层形成的地方时，由于它包含的热蒸气使低空空气扩散，不仅压缩了最高云层并使其下降，而且最低的云层仍然非常稀薄，即使低空空气的扩散使其遭到吹动和抵制，肯定会阻止这些水蒸气，结果使得任何颗粒都不会降落到地面。

 为什么打雷会产生巨响，不同种的雷是如何形成的

应当注意我们上空的噪音会更容易听见，因为空气的共振作用，并且因为降雪，会比雪崩更响。还要注意这个不争的事实,即上层云中颗粒的整体降落,或者一个接着一个降落,或是有的快有的慢,下面的云层或许有的大有的厚,阻挡的或多或少,所有这些不同的雷声很容易出现。

 闪电和旋风、霹雳的差别,闪电是如何产生的

关于闪电、旋风及霹雳的不同,这主要由两层云中间的蒸散物的性质决定,以及上层云降落到下层云上的方式决定。如果在之前很热很干燥,这样云层之间的空间就会充满非常细小且高度易燃的蒸散物,上面的云层不能太小,也不能下降得太慢,因为这样推动云层间空气和下面的云层时,就不能形成一道闪电——也就是一道迅速消失的火焰。所以我们能看到这样的闪电却一点也听不到雷声,有时候这种情况的发生,不一定需要云层很厚,也许你看不见。

 为什么有时候只有闪电没有雷,甚至天上也看不到云,为什么有的时候只有雷没有闪电

另一方面,如果云之间的空气中没有易燃的蒸散物,我们能听到雷声却看不到闪电的出现。另外如果最上面的云层是一部分一部分地连续下降,不仅不会形成闪电,也不会形成雷声。

旋风产生的原因

　　但是如果它迅速整体下降而且非常快,就会形成旋风和霹雳。一定要注意两端的位置,如图 17 和图 18 中的 C 和 D。这里会比中间部位下降得稍快一些,由于云层下面的空气没有足够的距离逃离云层,很容易给它们一条通道。因此上面云层的两端比中间要早于和下面云层的接触,这就使得大量的空气被包围在两层云之间,如图 17 中的 E。然而,里面的空气还会不断地被上面云层中间部分以强大的力量挤压,这势必导致下层云的破裂使空气逃逸,如图 18 中的 F。或者在旁边劈开一道缺口,如图 17 中的 G。当空气使云破开后,就会以很强大的力量向地面下降,继而它会转向上升,因为周围产生的阻力使其不能以原来的速度做直线运动。

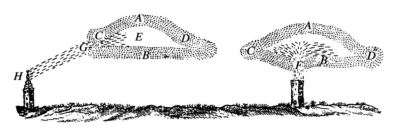

图 17　　　　　　　　　　图 18

霹雳产生的原因

这样就产生了龙卷风,如果空气中没有可以燃烧的蒸散物,就不会有闪电和霹雳,但是如果有一些可以燃烧的蒸散物聚集成团,并被猛烈地推向地表,就会形成霹雳。

 为什么有时候霹雳会把衣服烧焦但不会使人受伤,或者将剑灼熔却没有损坏刀鞘,或类似的事情

这样的霹雳可以使衣服燃烧,使头发烧焦,但不会伤害身体,这些蒸散物通常情况下具有硫黄气味,如果只是光滑带油性,就会形成一道火焰,很容易依附在易燃烧的躯体上。另一方面,如果这些蒸散物非常细小具有穿透性,且有挥发性盐和酸的性质,它能使人骨折但不伤害肉体或使剑熔化而不破坏剑鞘。通过这种方式,它们不需要对给它们让道的物体施加任何压力,会将给它们阻力的物质烧焦和熔化,就像我们看到酸能融化最坚硬的金属,却不能融化石蜡一样。

 为什么霹雳之物会变成岩石

最后,如果这些渗透性很强的蒸散物里面还有大量含硫黄且具油性的另一种物质,特别是含有像雨水在容器里沉淀时底部类似土壤的物质时,霹雳可以变成坚硬的石头,能使它遇到的所有东西破碎。以上这些你可通过实验证实,如果你将这种土壤与硝石、硫黄按照一定比例混合,然后将这种混合物点燃,它将很快变成石头。

 ## 为什么相比较低的位置霹雳更容易击中塔尖或山峰

但是如果云是在旁边开口,如图 17 中的 G,霹雳就会从侧面出来,与高塔或岩石的侧面相遇,而不是较低的地方,如我们看到的图 17 中的 H。即使当云是从下面开口,也有原因解释为什么霹雳降落在高的比较突出的地方而不是其他地方。举个例子,因为如果 B 云层相对于其他地方,没有更倾向于在某一个地方破裂,就肯定会因为下面尖顶的阻力在标有 F 的地方破开。

 ## 为什么打雷过后往往会下雨,而倾盆大雨之时往往没有雷电

也有一种解释为什么每个雷声之后总会跟随一阵雨,为什么当雨下得比较大的时候却很少听到雷声。上层的云从上往下降落振动下部云层,如果推力达到可以使整个下部云层下降,很明显雷声就会停止。如果推力不够大,但却可以使很多雪花脱离云层,并在空气中融

化形成降雨。

为什么钟楼的声音或者大炮的声音会减弱雷的力量

最后，人们相信强大的噪音，如钟声或炮声，会减少雷声的作用是有道理的。因为通过对组成云层的雪花震动，它们能使下部的云层消散并使其降落。那些经常在有令人害怕的雪崩发生的山谷中穿越的人们应该很清楚，因为他们在通过山谷时甚至不能大声说话和咳嗽，由于害怕他们的声音会引发雪崩。

为什么有的时候火星或火球会从天而降，但却并没有打雷或下雨

但是正如我们已经注意到有时候闪电不会伴随雷声，所以当很多的蒸散物和很少的水蒸气在空气中某些地方相遇，就会形成非常纤细质轻的云。当它们从比较高的地方降落时不会形成可以听到的雷声，也不会在空气中形成暴风，虽然它们包围和混合了很多的蒸散物。这样它们不仅形成被称作流星的小火焰或者其他划过天空的类似东西，而且形成向我们飞来的相当大的火球，像小型落雷。

为什么有的时候会降下牛奶、鲜血、火星、石块或其他此类东西

由于蒸散物有很多性质，我甚至判断，通过对这些云的压缩，有时候能形成一种材料，从颜色和浓度上看，像牛奶、像血液、或像肉体；或者正在燃烧，变成像铁和石头一样的东西；最后被破坏，在短时间内产生一些小动物。因此我们经常能看到奇迹，如降落铁、血液、蝗虫，或是类似的东西。另外，如果空气中没有云，蒸散物会堆积起来并会被一阵风引燃，特别是当两个或多个方向相反的风相遇的时候。

从天空划过燃烧的火星或者低空飞蹿火焰来源，以及吸附在马鬃或矛尖上火光来源

最后，如果没有风也没有云，只有细微且浸透性很强的蒸散物，它们具有盐的性质，慢慢地进入其他具有油性和含硫黄蒸散物的孔隙中，能够在高空和低空中点燃。例如，我们能在高空中看到星星划过天空，低空中很多活跃燃烧的火会吸附在一些物体上，比如小孩的头发、马的鬃毛、擦了油以保持干净的矛尖和其他类似的东西。不仅猛烈地搅拌，就是仅仅是两个物体的混合就足以点燃它们。就如我们能够看到将水倒入石灰中，或者储存没有晒干的干草，或是我们每天遇到的无数的化

学反应。

 为什么有的火光能量很小,而霹雳的火光能量很大

但是与闪电相比,这些火焰只具有很小的力量,其原因是它们由很软且具有黏性的油粒组成,虽然最有活力和最有浸透性的盐粒也通常同时出现。在较软的颗粒被点燃后,盐粒不会因此停留在其他颗粒中,而是在空气中迅速地分散开。然而,闪电主要是由更具活力、更有浸透性的颗粒组成,它们被云强烈地挤压推进过,携带着其他物质到达地表。虽然硫黄不稳定的部分和其"精灵"隔开,使其具有很小的力量和速度,但是那些了解硝石与硫黄混合物燃烧强度和速度的人是不会产生怀疑的。

 发生在大气低层的火光可以持续相当长时间,而高空中的闪光放电非常迅速,因此,无论是彗星状、人字形状闪电或是北极光产生火光的方式都彼此不同

关于火焰在我们周围持续的时间,主要是火焰燃烧的快慢和物质的密集度决定的。但是对于那些只能在高空中看到的火焰,它们的持续时间可能会非常短暂,因为如果它们的物质不是非常的稀薄,它们的重量就会使其下降。我发现哲学家们将这种火焰比作是从刚刚熄灭还冒着烟的火把上飘出的火焰，这样比是正确的，但当靠近另外一个火把时，又会被点燃。他们认为天空中彗星和一些柱状或条状的火焰也是由蒸散物形成的，我感到很不可思议，因为它们持续的时间非常长。

 为什么有人将云的运动和闪光看成是战斗，有人将它们看成是奇迹

因为我已经在另外一篇专著中试着对它们的形成和特征做出一个详细的解释，而且我认为它们不属于气象学的研究范畴，最多只是属于很多作者归于地震和矿物的范畴。另外我只想补充说一下平静的夜晚出现一些亮光，给闲暇的人们一个原因去想象：一个中队的鬼怪在空中战斗，根据他们在想象中害怕或是希望谁占优势，来预测哪一个他们崇拜的集体会胜利或失败。因为我从来没有看到过这样的景象，而且我知道我给他们的解释通常会被迷信和无知篡改或夸大，我将比较满意我自己能用很少的文字来描述所有产生这些现象的原因。首先，空中有非常多的云，对于众多的士兵来说特别小；它们一个接着一个地降落，这样就使足够多的蒸散物包围在里面，造成很多小的闪光。在发生这些小火的时候可能也会造成一些很小的噪音，就好像士兵们在战斗一样。第二个原因同样是空中有这样的云，但不是一个挨着一个地降落，它们从其他的焰火和闪电中接受光芒，而这些闪电和焰火是在我们不知道的遥远地方发生的大风暴。

 在夜晚的天空中如何能看到太阳

第三个原因是这些云或是更南边比较高的云，太阳直接就可以照射到，如果我们注意到两个或三个这样的云能引起折射和反射，我们就会明白它们没必要处在很高的位置，为了在黄昏后约一个小时，有时候在日落之后产生向南的光。但是这些都不太属于接下来要说的，接下来我将谈论我们在空中能见到但却不存在于那儿的所有现象，之后我将跟现实中存在于那儿的所有现象一样给出解释。

第八章

论彩虹

 彩虹并不是由云或水汽形成的，而只能够在雨滴中形成

彩虹是一个非常明显的自然现象，古往今来在好奇心的驱使下我们精心地寻找它形成的原因。对我来说最好的选择就是，运用我的方法，向人们展现关于它的知识，而我的观点与你们现在有机会读到的所有人写的并不相同。首先，我认为这道弧形的东西不只是出现在天空，在我们周围的空气中也能看到，只要空气中有足够的小水滴且被太阳照射，在有些喷泉周围我们就可以看到这一现象。所以对于我来说很容易判断这仅仅是因为阳光照射水滴的方向决定的，然后才传到我们的眼睛。第二，上面已经证明这些水滴是球形的，要弄明白水滴的大小不会改变彩虹的外观，我立刻想到了可以制作一个很大的水滴以便更好地观察。

如何在一个圆形装满水的玻璃烧瓶中研究彩虹

为了这个目的,我在一个透明且非常圆的大烧杯里面装满了水,举个例子(图 19),我发现当阳光从标有 *AFZ* 的部分照射过来,我的眼睛在点 *E*,我将这个球放在 *BCD* 的位置,球的 *D* 部分都是红色而且比其他要耀眼得多。我发现不管是靠近或者远离这个球,把它放在左边还是右边,甚至是围绕我旋转,都证明当 *DE* 与 *EM* 线段的夹角大约为 42° 时,*EM* 是太阳光线与眼睛中心的延长线[①],球的 *D* 部分总是那样的红。但是只要我将 *DEM* 角稍微变大一点点,红颜色就消失了。如果我将这个角度变得稍微小一点,红色不会马上消失,而是首先分成不像开始那么耀眼的两部分,在这里面可以看到黄色、蓝色和其他颜色。然后,观察球体标有 *K* 的部分,我认为如果我将 *KEM* 角变成约 52°,*K* 部分也会变成红色,只是没有 *D* 部分耀眼;如果我将角度变得稍大一点,其他淡的颜色将会出现。但是我发现如果将其变得稍微小点或变很大,没有颜色出现。通过这个实验我非常明白,如果向着 *M* 的附近都被这种球填充,或者是被水滴填充,每一个水滴肯定有一部分会变成非常耀眼的红

①　Fernand Alquié 注称:将 *EZ* 线段视作是同样属于 *EM* 线段的右边则更易理解(笛卡尔,哲学著作,I. P. 750. n. 1)。

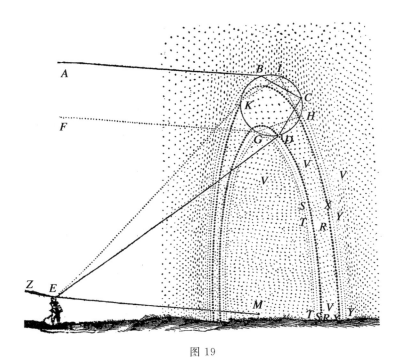

图 19

色，只要其与眼睛 E 的连线与 EM 的夹角大约是 $42°$，就如我确定的标有 R 的那部分。如果所有的这些红点能够被全部看到，除了观看的角度之外它们所处的位置并不重要，它们看起来就像一个连续的红色环。同样的道理，在这些水滴中肯定会有像标有 R 和 T 的部分，它们与 E 的连线与 EM 形成一个更小的角度，这些点组成淡颜色的环，这就组成了最基本的彩虹。然后，我又发现如果 MEX 角为 $52°$，在标有 X 的水滴上就会出现一个红色的环，在标有 Y 的水滴上会出现其他暗淡色的环，这就组成了次要的或是不那么重要的彩虹,最后,在所有其他标有 V 的水滴上,不会出现任何颜色。

 光线是如何经过两次折射和一次反射后在眼中呈现第一道彩虹的;第二道彩虹是由两次折射和两次反射形成的,因而比第一道颜色更为浅淡

之后,为了更详细地检测是什么使球 BCD 的 D 部分出现红色,我发现太阳光线从 A 照射到 B,当它在 B 点浸入水中时会发生折射然后到达 C 点,并在 C 点发生反射到达 D 点;当光线从水中离开时,在 D 点会再次发生折射到达 E。所以只要我在线段 AB、BC、CD 或 DE 的任何位置放一个不透明或是颜色较深的物体,红色就会消失。即使我用深颜色的物质将除了 B 点和 D 点的整个球覆盖,使光线在 A、B、C、D、E 之间不被其他物质阻挡,但是红色照常出现。之后我又寻找 K 点出现红色的原因。我发现从 F 点到 G 点的光线,在 G 点发生折射到达 H 点,在 H 点发生反射到达 I,在 I 点再次反射到达 K,最后在 K 点发生折射到达 E 点。因此主虹是由光线经过两次折射和一次反射再到达人眼形成的,而副虹是其他光线经过两次折射和两次反射再到达人眼形成的,这就是为什么副虹没有主虹清晰的原因。

为什么从棱镜或三棱镜中能看到和彩虹一样的 颜色

但是最主要的疑问是要理解为什么,因为把整个球放在其他位置,同样会有很多其他的光线经过两次折射和一次或两次反射能够到达我们的眼睛,但是只有我上面说的那些地方才出现几种颜色。为了解决这个难题,我希望能看到是否会有以同样方式出现的其他现象,通过对它们的相互比较我能更好地找到原因。然后,我记得棱镜或三角形的水晶能够形成类似的颜色,我想到其中的一个,如这儿的 MNP(图 20),它的两条边 MN 和

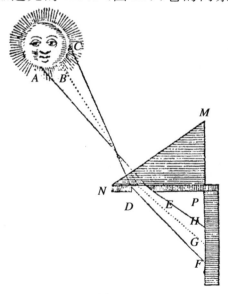

图 20

NP 非常平,之间的夹角大概是 $30°$ 或者 $40°$,所以如果阳光 ABC 以直角或近似直角通过 MN,这样在 MN 上就不会有太明显的折射,但是在通过 NP 时会有很强的折射。当我用暗色物质将其中的一个面覆盖,并留下一个相当窄的开口,如 DE,我观察到阳光穿过这个开口然后印在 FGH 布上或是白纸上,在上面印出了彩虹的所有颜色,并且它总是在 F 点是红色,H 点是蓝色或紫色。

 透明物体的形状、光线的反射、光线的多次折射都不是这些固定的颜色产生的原因

通过这个我知道了,第一,为了产生这样的颜色,水滴表面不需要一定是弯曲的,因为这些水晶是非常平的。第二,它们的出现也不一定要求一个特殊的角度,因为这里角度可以变化而不会造成颜色的变化。

 只有一次折射、光本身,还有限制光线传播的阴影这三个原因可以解释彩虹的颜色

虽然我们可以使到达 F 的光线比到达 H 点的更加弯曲或是不那么弯曲,但是总是在 F 点出现红色,在 H 点出现蓝色。反射也不一定是必要的,因为这里根本没有反射的发生;也不需要多次折射,因为这里只发生了一次折射。但是我判断至少需要一次折射,而且它的效

应不能被另外的折射所破坏,因为实验表明如果 MN
和 NP 是平行的,光线一次弯曲之后又会被另一次校
正,就不会产生这样的颜色。而且,我绝不怀疑光线是
必需的,因为如果没有它我们什么都看不到。更重要的
是,我还发现阴影或者说是对光线的约束是必需的;因
为如果我们将 NP 上面的黑色物质移走,FGH 上面就
不会出现各种颜色了。而且如果我们使开口 DE 更大
一些,F 点的红橙黄和 H 点的绿蓝紫都不会因此变得
更大一些,而是 F 点与 H 点之间的多余空间,也就是 G
点会变成白色。之后,我试图去弄明白 H 点和 F 点的
颜色为什么会不一样,虽然折射、阴影和光线都是一样
的。考虑到我在《折光学》里面描述过光的特性,也就是
说光线是一种非常细小的球形微粒的运动,它们能在各
种物质的孔隙中穿过,我知道这些小球能够根据决定它
们运动的原因进行各种不同的运动;特别是在同一边发
生的折射会使它们向同一个方向转向。但是当与它们
邻近的小球没有比它们运动得更快或是更慢,它们的转
向运动和直线运动是一样的。但是当一边的微粒运动
得比较慢,而另一边运动得比较快或是更快,就像是在
阴影部分与开口部分的边界上,如果它们遇到另一边运
动得比较慢的微粒时,就会向那边转向,这样就形成了
光线 EH,比直线运动的光线要转向得少一点。而当它
们在另一边遇到运动得慢的微粒,情况恰好相反,就像

光线 DF 一样。

 ### 这些颜色多样性的产生原因

为了更好地理解这个（图 21），想象一下球 1234 以直线运动的方式从 V 向 X 运动，这样它的 1 和 3 两边会以同样的速度到达水面 YY，但是标有 3 的那一边会首先接触水面，就会减速，而标有 1 的那一边会继续运动。这就肯定会造成整个球以数字 123 的方向旋转。再想象一下它被另外的四个球 Q、R、S 和 T 包围，其中 Q 和 R 比球 1234 运动得更快，是朝向 X，而另外两个球

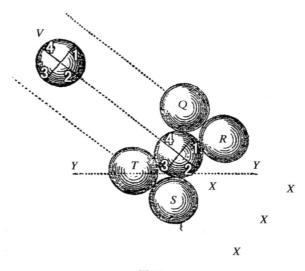

图 21

S 和 T 运动得较慢，也是朝向 X。这就很清楚，Q 会使 1 部分加速，而 S 会使 3 部分减速，这就会增加球 1234 的旋转。球 R 和 T 没有对球 1234 形成阻碍，因为球 R 向 X 方向运动且比球 1234 要快，而球 T 没有球 1234 运动得快。这就解释了 DF 光线的形成。相反，如果球 Q 和 R 在向 X 方向的运动比较慢，而球 S 和 T 比较快，球 R 就会阻碍 1 部分的旋转，球 T 也会阻碍 3 部分的旋转，而球 R 和 S 对球 1234 不会有任何作用。这就解释了 EH 光线的形成。

但是一定要注意的是因为球 1234 非常的圆，即使当被球 R 和 T 紧紧地挤压，也不会阻碍它的旋转，还是会以轴线 42 旋转。因此，改变它的位置，它会按 321 方向旋转；因为让它旋转的两个球 R 和 T，会让它继续转动半圈，然后会增大它的转动而不是使其停止。这就使我能解决在这个问题中遇到的所有问题。

 从水晶棱镜中探索红色、黄色、绿色和蓝色的本质

通过这个可以很清楚地表明，我认为在 F 出现的颜色实际上是，这些传输光线的细小颗粒更倾向于转向，而不是直线运动。所以那些具有很强转向特征的微粒就形成了红色，而那些转向不是很强烈的就形成黄色。相反，在 H 点看到的那些颜色，在没有特殊原因使它们旋转得比较慢时，它们是由没有其本身旋转快的微粒形成。因此，那些稍微旋转比较慢的组成绿色，那些旋转的更慢的就形成了蓝色。

 玫瑰色和蓝色是怎样融合成紫色的

通常在边缘上蓝色会与玫瑰红色混合，使其更加闪耀形成了紫色。这无疑同样是对细小微粒旋转的阻碍，此时其强大到可以使它们改变位置来增加旋转，但是这减慢了其他微粒。

 颜色的本质，以及是如何产生其他物体的，无论可见与否都不是真实的

通过实验可对所有的这些做出如此完美的解释，连我都觉得难以置信。当你对我的解释和实验结果进行仔细地研究之后，你就会开始怀疑我的解释。因为如果上面说的是正确的，我们感觉到的光，是接触到我们眼睛的物质运动或运动倾向引起的，就像其他类似事物证明的那样，不同的运动肯定会给我们不同的感觉。但是因为除了我提到过的那种情况之外，这类运动并没有其他的变化，所以我们在实验中无法遇到其他情况，我们产生的感觉就是颜色的变化，在图 20 中水晶 MNP 中找到能产生颜色的物质是不可能的，而是细小的微粒沿

着这条线到达 FGH，然后到达我们的眼睛。通过以上这些，我认为很明显我们没有必要在其他物质呈现的颜色里面寻找答案。因为实验告诉我们，亮光或是白色、阴影或是黑色，以及上面提到的彩虹中的所有颜色，能够形成所有其他颜色。我不赞同哲学家对于实色、假色或透明色的区分，因为颜色的所有性质在于它们的外表，对我来说，说它们是假的，但是出现了，这两点是矛盾的。但是我的确承认，阴影和折射不是产生它们的必要因素；而是这些有颜色的微粒的大小、形状、状态和运动能够与光线竞争，以增大或减少这些细小微粒的旋转。

 彩虹的颜色是如何形成的，彩虹中限制光线的阴影是如何形成的

所以甚至对于彩虹，我最先也怀疑过彩虹的颜色与水晶 MNP 产生的颜色是否一样。因为我没有看到任何阴影来遮挡光线，我也不明白为什么这些颜色只有在特定的角度才会出现，直到我拿起笔详细地计算了落在水滴上的所有光线。

 彩虹内弧的弧度不会大于 42°，外弧的弧度不会小于 51°

为了弄明白在什么角度的情况下发生两次折射和一次或两次反射能到达我们的眼睛，我发现在经过一次反射和两次折射后,在 41°到 42°之间比更小角度能看到的要多,而在大角度情况下无法看到。我还发现在经过两次折射和两次反射之后。在 51°到 52°之间比更大角度要看到的要多,更小角度情况下无法看到。所以两边都会有阴影将光线阻挡,再通过无数个被太阳照亮的小雨滴后,以 42°或稍小的角度到达我们的眼睛,这就形成了主虹。同样有一个阴影阻挡光线,使它们以 51°或稍大的角度出来,形成副虹。如果我们的眼睛没有接收到光线,或是比附近的物体接收的要少得多,这与我们看到的阴影是一样的。这很清楚地表明彩虹的颜色条带的形成与水晶棱镜 MNP 形成的彩色条带是一样的原因,而且主虹的弧度范围不能大于 42°,副虹的弧度范围也不能小于 51°。

 ## 第一道彩虹的外侧比内侧更加收敛,第二道彩虹相反

最后,表明主虹的外表面比内表面受到更多的限制,而对于副虹恰好相反,这跟我们的实验是一样的。但是为了让那些精通数学的人,清楚我对于这些光线角度的计算是否非常准确,我觉得在这里有必要解释一下。

所有这一切是如何用数学精确描述的

假设 AFD 是一个水滴（图 22），为了计算这些光线，我把它的半径 CD 或 AB 分成了很多相等的部分，为了让它们得到等量的光线。之后我详细地考虑其中的一条光线，举个例子 EF，它不是直接到达 G 点，而是发生偏转达到 K 点，在 K 点发生反射到达 N 点，然后再从 N 点出来到达人眼 P；或者是在 N 点再发生一次

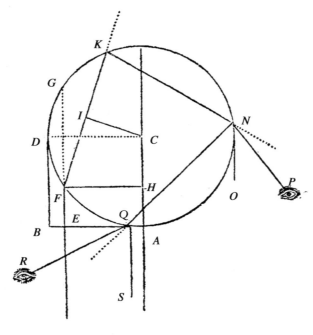

图 22

反射到达 Q 点,然后再从 Q 点出来到达人眼 R。

 **大气中水的折射大约在 187°至 250°,因此彩虹
的半径视角只能是 45°**

做 CI 垂直于 FK,在《折光学》中已经说过 AE 或
者 HF 与 CI 的比例就是水的折射率。所以如果 HF
含有 8000 个小段,因为 AB 含有 10000 个,CI 将含有
5984 个,因为水的折射比 3 到 4 要稍微大一点。我精
确测量的是 187 到 250 之间。根据 HF 和 CI 两条直
线,我很容易就能得到两条弧线的大小,$\overset{\frown}{FG}$是 73°44′,
$\overset{\frown}{FK}$ 是 106°33′。之后,弧$\overset{\frown}{FG}$加上 180° 减去两倍弧$\overset{\frown}{FK}$,
因为 ON 平行于 EF,所以我得到角 ONP 的大小为 40°
44′。弧$\overset{\frown}{FK}$减去 40°44′,因为 SQ 平行于 EF,得到角
SQR 的度数为 65°46′。然后以同样的方法计算所有通
过半径 AB 的分区且与 EF 平行的光线。在这个我编
制的表格中很容易看到。

线段 HF	线段 CI	弧 $\overset{\frown}{FG}$	弧 $\overset{\frown}{FK}$	角 ONP	角 SQR
1000	748	168.30	171.25	5.40	165.45
2000	1496	156.55	162.48	11.19	151.29
3000	2244	145.4	154.4	17.56	136.8
4000	2992	132.50	145.10	22.30	122.4

续表

线段 HF	线段 CI	弧 $\overset{\frown}{FG}$	弧 $\overset{\frown}{FK}$	角 ONP	角 SQR
5000	3740	120	136.4	27.52	108.12
6000	4488	106.16	126.40	32.56	93.44
7000	5236	91.8	116.51	37.26	79.25
8000	5984	73.44	106.30	40.44	65.46
9000	6732	51.41	95.22	40.57	54.25
10000	7480	0	83.10	13.40	69.30

在表中容易看出,更多的光线使得角 ONP 在 $40°$ 左右,且小于 $40°$ 左右的小角度多;并且角 SQR 在 $54°$ 左右,且大于 $54°$ 的角更多。为了更加精确,我做了下面的表格:

线段 HF	线段 CI	弧 $\overset{\frown}{FG}$	弧 $\overset{\frown}{FK}$	角 ONP	角 SQR
8000	5984	73.44	106.30	40.44	65.46
8100	6058	71.48	105.25	40.58	64.37
8200	6133	69.50	104.20	41.10	63.10
8300	6208	67.48	103.14	41.20	62.54
8400	6283	65.44	102.9	41.26	61.43
8500	6358	63.34	101.2	41.30	60.32
8600	6432	61.22	99.56	41.30	58.26
8700	6507	59.4	98.48	41.28	57.20

续表

线段 HF	线段 CI	弧 $\overset{\frown}{FG}$	弧 $\overset{\frown}{FK}$	角 ONP	角 SQR
8800	6582	56.42	97.40	41.22	56.18
8900	6657	54.16	96.32	41.12	55.20
9000	6732	51.41	95.22	40.57	54.25
9100	6806	49.0	94.12	40.36	53.36
9200	6881	46.8	93.2	40.4	52.58
9300	6956	43.8	91.51	39.26	52.25
9400	7031	39.54	90.38	38.38	52.0
9500	7106	36.24	89.26	37.32	51.54
9600	7180	32.30	88.12	36.6	52.6
9700	7255	28.8	86.58	34.12	52.46
9800	7330	22.57	85.43	31.31	54.12

在这里我能看到角 ONP 的最大角度是 $41°30'$,角 SQR 的最小角度是 $51°54'$,由于太阳半径的影响加上或减去 $17'$,得到最内部的彩虹最大角度是 $41°47'$,最外部的彩虹最小角度是 $51°37'$。

 水的温度较高时折射小并会使得内弧稍变大,水的温度较低的时候外侧弧会稍变小

如果是热水,造成的折射会比冷水小一些,在计算中就会改变一些。但是,最多也只会对于内部的彩虹角度增加 1°到 2°，外部的彩虹也最多只会减小 2°到 4°。这对于彩虹没有什么影响，因为我们知道水的折射与我假定相差无几。因为如果角度稍微变大，假如从原来内部彩虹从不及 41°变到 45°，我们会发现外部彩虹的度数也会不超过 45°，但是我们看到的是外部比内部要大一些。我相信 Maurolyicus 是第一个人确定一个是 45°，另一个是约 56°，这表明当看到的和真实的原因不相吻合时我们是不相信的。

 为什么第二道彩虹的外侧是红色的，第一道彩虹的内侧是红色的

至于其他，我能够理解为什么红色会在内部彩虹的外侧，也能够理解它为什么会在外部彩虹的内测。这与（图 20）在水晶上的红色靠近 F 而不是 H 是一样的，而且我们的眼睛是在白色屏幕 FGH 的位置看这个水晶，我们将发现红色更偏向于它较厚的 MP 部分，而蓝色更偏向于 N 点，因为到 F 点的红色光线是从 C 点发出的，而 C 点更靠近 MP。同样的原因会造成：当水滴的中心，也就是最厚的部分，在内部彩虹的外部，这时红色肯定出现在外部。如果水滴的中心在外部彩虹的内部，红色肯定出现在内部。

为什么彩虹的圆弧不是正圆

因此,我相信对于这个问题应该没有疑问了,除了有可能会碰到一些不规则的情况。例如,弧线不是圆形的,或者它的中心不是在通过眼睛和太阳的直线上,这种情况的发生可能是风改变了水滴的形状。因为这不会改变它们圆形的特征,这将会出现一个角度非常不一样的彩虹。有人跟我说过,存在着一种和平常见到的相反的彩虹,它的两端是向上翘的,就像 FF 所展示的那样(图 23)。我只能解释它的形成是由于阳光照射到海面或湖面上发生反射形成的。例如,如果阳光来自于天空 SS,它们照射到水面 DAE 上,并发生反射到达 CF

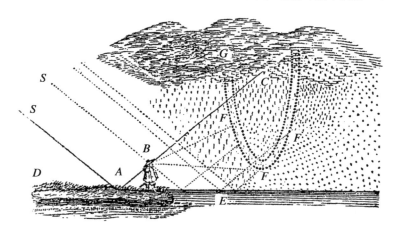

图 23

雨面,B 点的眼睛将会看到弧 $\overset{\frown}{FF}$ 的中心是点 C,所以如果 CB 延伸到 A 点,而 AS 通过太阳的中心,则角 SAD 和角 BAE 是相等的,所以角 CBF 大约为 $42°$。但是,这种情况的发生是不能有风干扰水面 E 的,更何况,天空中可能会有云彩,如在 G 点的云彩,通过对水面 E 反射的阳光的阻挡,会阻挡阳光直接照射到雨滴上,这种情况会发生,但是很少发生。

 为什么两道彩虹完全颠倒

另外,对于太阳和雨滴来说,我们的眼睛可以处在一个可以看到彩虹最底部,却看不到上面部分的位置,所以我们看到的是一个倒转的彩虹,甚至我们发现它不是靠近天空,而是靠近水面或地面。

 为什么看起来有三个,每一个都在另一个之上

我也被告知,有时候在我们通常看到的主虹和副虹上面还可以看到第三种彩虹,但是非常不清楚,它与副虹的距离和副虹与主虹的距离差不多。我判断除非在雨滴中有很多透明的圆形冰雹颗粒存在,第三种彩虹是不会出现的。因为冰雹颗粒的反射率比水的要大一些,所以外部的彩虹肯定会大一些并出现在其他彩虹的上面。关于最里面的彩虹,同样的原因它肯定比只有雨滴形成的主虹要稍微小一些,甚至有可能不会引起注意,因为外面的彩虹光泽更加灿烂;或者是它们的边界混合在一起了,我们将其中的两个当作了一个,通常它们的颜色也是彼此协调的。

 为什么天空会有如此不可思议的现象

这使我想起了使天空中出现彩虹的一个发明,这对于那些对彩虹形成原因不知道的人们来说是一个奇迹。我猜你已经知道了利用喷泉来造一个可视的彩虹(图24)。例如,如果水从小孔 A、B、C 喷出来,喷得比较高而且向 R 的各个方向扩散,并且阳光是从 Z 方向来的,因为 ZEM 是直线,所以角 MER 约为 $42°$,眼睛 E 这时

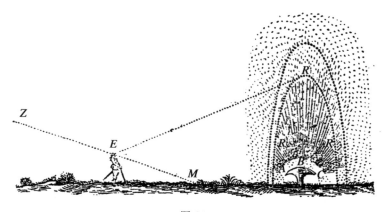

图 24

就会在靠近 R 的地方看到跟天空中彩虹很像的东西。在这里有必要说油、酒精和其他液体,它们的折射率和普通水相比,有的大、有的小,但是它们和水一样清澈和透明。所以我们可以制作很多含有各种液体的喷泉,我们将看到天空的大部分将会变成彩虹的颜色。要达到这种效果,我们只要将折射率最大的液体最靠近观察者,并且让它喷得不要太高以免挡住后面的液体。之后,因为通过关闭喷泉 A、B、C 的一部分,我们可以在不移动其他颜色的情况下使彩虹 RR 的任何一部分消失,也很容易理解,以同样的方式关闭或开启其中的一些喷泉,天空中可以出现十字形的、圆柱形的或是其他的形状的彩虹,这会让人们觉得很惊奇。但是我承认,为了布局这些喷泉使这些液体喷得很高,让整个国家的人都能在很远的地方看到彩虹,但是又不会发现这个骗局,这需要具备相当的技术和投入大量的工作。

第九章

云的颜色和星体周围时而出现的光晕

 什么决定了云是白色的还是黑色的

在讲完了颜色的本质之后，我相信我不需要关于云的颜色增加太多内容。首先，无论它们是白色、灰色还是黑色，皆是由于它们或多或少暴露在天体的光线之下，或天体本身或相近天体的阴影之下。

 为什么碎玻璃或者雪或者云，只要稍微厚一些就不会再透明了

这里只需要讲两件事情。一是我之前提到过的，光线穿过透明物体的表面时，会有一部分被反射回来。所以这就是为什么光线可以轻松穿过 50 码①深的水，却很难穿过一点泡沫的缘故。泡沫虽然也是由水组成，但却有更多的表面，第一个反射了部分光线，第二个又反射

———————

① 1 码＝0.9144 米。

了余下光线的一部分,直到什么都没有或只剩下很少的一点光线能够穿透。这就是为什么包括碎玻璃、雪或者云在内,当它们达到一定的厚度时,就很难保持透明。

 什么叫白色的物体,泡沫、碎玻璃、雪和云为什么是白色的

另外一件值得注意的事情是,物体之所以发光,是因为它推动细微物质以直线传播的方式进入我们的眼睛,组成这物质的微粒的常态运动是像地上的球一样滚动向前,至少空气中的微粒是这样。能够让微粒这样运动的物体我们称之为白色,毋庸置疑,物体不透明是由于其表面非常复杂,例如泡沫、碎玻璃、雪和云。

 为什么空气平静时天空看起来就是蓝色的,当空气中水汽很多时天空看起来就是白色的

从这点我们就可以理解,为什么当天空清澈没有云雾的时候是蓝色的,我们知道天空本身是不发光的,而且如果没有蒸散物或水汽的话,天空将是全黑的。但是总有或多或少的蒸散物和水汽,反射一些光线到我们的眼中,就是说,细微物质被太阳和其他星星推动,当水汽的量足够大时,细微物质在被第一团水汽推回之后,又遇到了其他的水汽,细微物质在到达我们的眼睛之前,一直在旋转,这会让天空看起来泛白。但如果细微物质没有遇到其他微粒使它转动,它就只能呈现出蓝色,就如同蓝色呈现的原理所讲的那样。

 为什么很纯净很深的海水看起来是蓝色的

由于同样的原因,深邃纯净的大海看起来也是蓝色的,因为只有一小部分光线被表面反射,而被吸收的则再也不会被释放出来。

 为什么日出或日落的时候天空是红色的

此外,我们也可以理解为什么太阳上升和降落时,它周围的一大片天空会变成红色。当日出或日落天空没有很多云的时候,或有浓雾时,光线不太容易穿过空气。不像太阳比较高时穿透到地面那样容易,即便太阳稍高时也不如太阳更高时穿透得那么容易。

 为什么朝霞预示着有风或雨,而晚霞则预示着好天气

因为显而易见的是,这些光线在雾中被折射,使传输光线的细微物质微粒,像地面上从一个方向滚过来的球一样,再转向同一个方向。上方细微物质微粒的运动会增加下方细微物质微粒的转动,因为下方的粒子要更强劲一些。这一点足以解释红色产生的原因,细微物质微粒在云中被反射,可以向天空中任意方向延伸。

 天体周围的光晕是如何形成的

　　我要继续讲讲在云中能看到的其他颜色,因为这些颜色形成的原因无出其上。在天体的周围经常会出现圆形的彩色光圈,我不会忽视对这种现象的解释。它们就像彩虹一样,只不过是圆形的,或近似圆形,经常出现在太阳或其他天体周围,这表明它们是由于角度几乎相同的反射和折射形成的。从多彩的颜色上看,晕和彩虹也是相似的,这表明此现象由于某种折射产生,并且是在光线较少的阴影中产生。但它们的区别在于,彩虹只在附近下雨但此地无雨的时候可以看到,但晕从不在雨天出现,这说明它并不是由小水滴或冰雹的折射引起,而是由我之前提到的透明的冰晶引起。因为凭想象云中没有什么其他的东西能产生如此效果,虽然除了在寒冷的天气之外我们并未见过它降落下来,但有理由使我们相信在四季它都可以形成。在小冰晶由白色变为透明的过程中,一些热量是必需的,因此夏季比冬季更容易发生此类现象。虽然大部分降落下来的冰晶都是平整且形状一致的,但可以确定的是,它们的中心要比边缘略厚,其中明显的一些甚至肉眼可见。

光晕可大可小，什么决定了它们的大小

冰晶中间的薄厚，决定了光晕圈的大小，毫无疑问的是，它们的大小是不一致的。并且若真像某些人所记述的那样，大多数观察到的晕的直径视角为 45°，那么我希望可以相信，形成此现象的小冰晶一般都具有一个凸面，这也是它在未完全融化之时最易形成的一种形状。

 为什么它们是七彩的，为什么光晕的内圈是红色的、外圈是蓝色的

如图 25 所示，圆 *ABC* 代表太阳，*D* 是眼睛，*EFG* 是排列紧密的透明冰晶，按照它们形成时的样子那样排列。光线来时它们的凸面亦如图所示，假设当光线从 *A* 传播到边缘的 *G* 点处，从 *C* 再到边缘的 *F* 点处，再传播至 *D* 点，朝向 *D* 的许多光线穿过 *E* 附近微粒，但它途经的范围不出圆 *GG*。显而易见，包括 *AD*、*CD* 在内的沿直线传播的光线使太阳呈现出其固有大小，其他的光线经 *EE* 折射，使圈 *FF* 内的所有空气变得明亮，并使 *FF* 和 *GG* 的周长像彩虹色的花环，并且可以确定的是，红色在 *F* 内侧，*G* 的外侧是蓝色，像我们常见的那样。

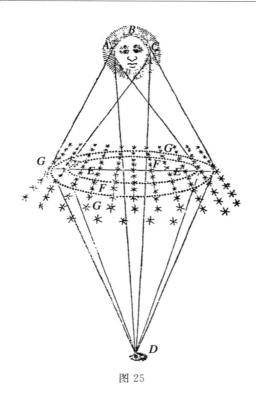

图 25

为什么有时候会出现两道光晕，内圈的更加明亮和鲜艳

　　如果有两行或更多的小冰晶互相叠加，并不会阻挡阳光从中间穿透，从两个冰晶边缘穿过的光线将弯折两倍的角度，并将形成另外一道彩色光圈，比第一个更大，但不如第一个明显。如此我们便可以看到两个光圈，一个套着一个，正如我们常看到的那样，里面的一个更加鲜艳明亮。除此之外,我们可以发现光晕很少出现在刚从地平线升起不高的星体周围,因为光线穿过冰晶的角度过于倾斜。

 为什么光晕的颜色不如彩虹那样鲜艳,为什么月亮周围比较常见,有时候甚至在星星周围也可以看到

对于它们的颜色也较其他光晕偏淡的现象,则很好解释,是由于发生折射的光线比较少。对于日晕比月晕出现得更加频繁,而星星周围也会出现此类现象,是由于破碎的冰晶凸起得十分轻微,使之变得很小。此外,它们不像彩虹一样,需要折射和反射很强的光线形成,因此在弱光下也可以形成。大部分时候,冰晶并不会呈现出白色,大部分时候是由于组成它们的物质并不完全透明,而非光线弱所致。

 为什么水滴不会呈现像彩虹一样的光晕

我们还可以想见,在一个小水滴中还会形成其他类似彩虹的东西,首先经过两次折射,未经过反射。但在这个过程中,并没有什么能够决定直径的大小,并且光线也没有阴影来遮挡,而后者是产生多种颜色的必要条件。如此,此现象也可以由两次折射和三四次反射而形成,但这时光线会变得非常弱,很容易被水滴表面反射的光线扰乱——因此我很怀疑它是否真的出现过,并且计算表明,它的直径要比我们平时观察到的大得多。

 我们经常在火炬周围看到的光晕是如何产生的

最后,就像我们有时候在桌灯或火炬周围看到的一样,产生它们的原因要从我们观察到这些现象的眼睛中去找寻,而不是在空气中去找寻。

 为什么我们经常可以看到火焰或火炬发出的光线向四方直线延伸

去年夏天我就有过这样一次清晰而难忘的经历。当时我乘船在夜间航行,整个晚上我都用一只手支着脑袋,并一直闭着右眼,用左眼望向天空。一支蜡烛被拿到了我跟前,然后我睁开了双眼,看到火焰周围有两圈彩虹一样鲜艳的光圈。如图 26 所示,AB 是大圈,外侧的 A 处为红色,内侧的 B 处是蓝色,CD 为内环略小,同样外侧 C 处为红色,但内侧的 D 处是白色的,一直延伸至火焰处。之后,闭上右眼,这些彩色光环就消失了,反之,睁开右眼,闭上左眼,它们又重新出现,于是我确信,只有我右眼所在的位置可以接收到这些光线。并且,这就是为什么,除了在 O 处聚焦的大部分火焰发出的光

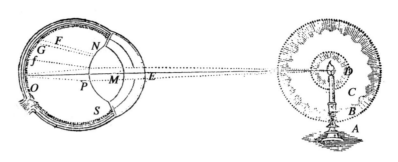

图 26

线之外，还有一些光线过于偏斜，延伸到了 fO 以外的区域，形成了光环 CD，还有一些光线延伸到了 FG 处，形成了光环 AB。我不会确定它的具体位置，因为在很多不同的情况下都能够形成同样的效果。例如，如果在 E、M、P 的表面某处只有 $1\sim2$ 个小波动，由于人眼的形状，在视网膜上就会形成一个圆心位于 EO 的光圈，由于 EO 处往往交错着沿直线传播的光线，这就会让我们看到火焰周围各处聚集着许多光线，或者如果 EP 之间有什么不透明的东西，或者甚至在边界之外的地方，都会延伸到那儿而形成一个圆圈。

或者，还有最后一种情况，如果眼睛的薄膜或晶状体的性质和形状发生了改变，也会出现这种情况；因为对患有眼疾的人来说，看到正常人看不到的光环是常见症状。

为什么这些光晕的外侧往往是红色的，内侧往往是蓝色或白色的，和天体周围看到的相反

这里只有必要附加一句，光环外侧的部分，如 A 处和 C 处，通常都是红色的，和我们在星体周围看到的光环颜色排列刚好相反。原因十分清楚，如果你知道是晶状体 PNM 在这里替代了我之前讲的水晶棱柱的作用，眼底 FGf 相当于后面的白色幕布[1]。

 为什么发生在眼睛内的折射并不会使我们看到色彩

也许你会问，既然晶状体可以自我调节，那么我们所见的物体成像成色方式为何会有所差别？除非你认为该物体表面各处发出的光线正好向着眼底的对应点传播——其中一些会经过位于边缘的 N 点处，其余一些经过边缘的 S 点处——如若这样，光线的传播就会完全不同，彼此抵消，至少在颜色的形成上是这样的。在这里，到达 FGf 处的光线只经过 N 点。

以上这些论述，对于证明我之前所讲的颜色的本质，是十分有用的，这两个话题密切相关。

---

① 见前章论述。

第十章

太阳的幻影

 使人看到多个太阳的云是如何形成的

有时候我们依然可以在云中看到其他光辉，它们与我之前所讲到的光辉都不同，因为它们显现出的只有完全的白色；并且它们一般是与地面平行或近似平行地穿过太阳或月亮，而不是将某些天体置于其正中。但是由于它们只出现在我们上面所讲的大规模完全圆形的云中，并且我们经常在相同的云中看到数个太阳或月亮的像，因此我有必要对二者均做出解释。例如（图 27），设定 A 为方向南，是太阳所在的位置，同时有吹向 B 的暖空气；C 为方向北，冷空气从这里吹向 B。我假设两股空气在此相遇形成有雪粒组成的云；这个云在深度和广度上是如此之广阔以至于风不能像往常一样从其中间或者二者之间穿过，而是被迫绕行。

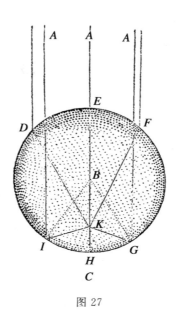

图 27

 这种情况可能出现冰圈在云的周围,冰圈云表面往往被风吹磨得很平

通过这种方式,不仅风使云变圆,而且由于南风比较温暖,它略微融化了云周边部分的雪粒。并且因为这些雪由于寒冷的北风或者距离云内部尚未融化的雪粒很近而又立刻结冰,又可以形成一个连续延伸且透明的大冰晶环,其表面很光滑,因为将其打磨圆滑的风是始终如一的。另外,在 DEF 一侧的冰晶更加密集,与 GHI 一侧相比,DEF 一侧雪粒不会如此容易融化,更多地暴露在暖空气和太阳之下。最终,必须指出的是,在有这样成分的云当中,没有任何扰动,云 B 的周围不会有足够的热量在那里形成冰,除非在云下方的地面也有足够的热量,通过向天空输送所有被其裹挟云的物质来扰动水汽。

 在朝向太阳的一侧云里的冰往往比另一侧要厚

因此,很明显太阳的光线从高空从南照射过来,照射到冰 $DEFGHI$ 上面,在此被周围雪的白色所反射,必定会使得冰 $DEFHI$ 相对于其下方的雪显现出一个大的、完全白色的环形光辉。同时还十分明显的是产生这种现象只需云是圆形的,并且周边比中间略微厚些,并不需要冰晶环的形成。

 为什么一个白色光圈里会出现将近六个太阳,一个是太阳本身,两个折射而成,另外三个是反射形成的

但是当冰晶环形成之后,如果我们位于其下方 K 点附近,我们最多能看到六个太阳,它们似乎是被镶进白色环形光辉中,就像钻石镶进戒指。因此第一束在 E 处的光,是直接由 A 处的太阳光线照射所产生。

为什么折射形成的光现象都是一端边缘呈现红色，另一端呈蓝色

后面的 D 处与 F 处的光线，是阳光在冰晶内折射所产生，由于冰晶内部厚度在减小，因此其两侧形状均向内部凹，阳光在其中的折射就像之前我讲述过的穿过水晶棱镜。因此这两个太阳在其靠近冰晶厚度较大的 E 的一侧边缘变成红色，在另外厚度较小的一侧则为蓝色。第四个太阳经过反射出现在 H 处，最后两个太阳同样也通过反射出现在 G 处和 I 处，对于其反射路径，我们可以假定一个经过云的中心 B 点的圆，其圆心为 K，则角 KGB、角 KBG 与角 BGA 相等，同样角 KIB、角 KBI、角 BIA 也相等。

 为什么另外的三个太阳是白色的而且没有那么明亮

由于大家知道反射总是以相等的角度发生，并且因为冰是光滑的物体，它必然会将各个位置的太阳光反射进入我们的眼睛。但是因为从光源直射来的光线比折射来的光线强，并且折射光线比反射光线强，因此 E 处的太阳比 D、F 处的太阳更亮，D、F 处的太阳又比 G、H 或 I 处的太阳更亮。但是 G、H、I 处的太阳如同 D、F 处的一样，其边缘没有任何颜色，只有白色。

为什么有的时候只能看到五个太阳,有时候是四个,有时是三个

但是如果观察者不位于 K 处,而是更往 B 方向的某个位置,结果以他们眼睛为圆心的圆和经过 B 点的圆均不切割云的圆周,他们就不会看到 G 和 I 处的太阳,而只能看到其余四个。另一方面,如果观察者反过来靠近 H 或者越过 C,他们则只能看到 D、E、F、G 和 I 五个太阳。

 为什么当我们看到三个太阳时经常会出现一个光柱而不是一个白色光圈横穿其间

如果他们能够越过 C 且距离足够远,则他们将只能看到 D、E、F 处的三个太阳,这三个太阳的像不再被白色光辉所包围,而是似乎被白色条带所穿过。因此,当太阳刚刚从地平线升起尚未照亮云的 GHI 部分时或者这个云还没有形成时,很明显我们只能看到 D、E、F 三个像。

 为什么无论光圈在太阳的上方还是下方,光圈出现时太阳的高度看上去都是一样的

另外,直到现在我只让大家在平面角度考虑了云,并且仍然有许多问题需要注意,这些在云的侧视图上会

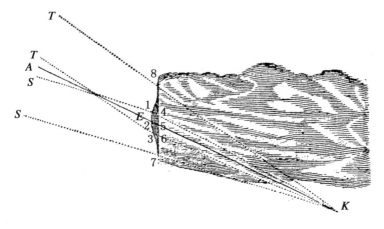

图 28

看得更清楚（图 28）。首先，即使太阳光不是从 E 直射到眼睛 K，而是比它高一些或者低一些，然而它最后必定还是要出现在 K，尤其是如果冰在高度和深度上还没有那么广阔时，然后冰的表面将会变得弯曲以至于无论它在哪里，最后都能够将太阳光射回 K 点。

 即使太阳落山了我们依旧可以看到太阳，比日晷上的影子大为提前或延迟

因此如果在其厚度范围之内，冰的形状由线 123 与线 456 的中间部分构成，很明显不仅当太阳位于直线 $A2$ 的时候它穿过冰面的光线会到达眼睛 K 处，而且当它在较低的线 $S1$ 或较高的线 $T3$ 的时候也能够到达 K 处。因此它们总可以使得太阳仿佛出现在 E 处。如果我们假定冰晶环不是非常大,则可以忽略线 $4K$、$5K$ 和 $6K$ 之间的差别。并且注意这可以使我们在日落之后仍能够看到太阳,也可以使日晷的影子前后移动,并导致其记录下一个与实际不符的时间。

 在前六个太阳之上或之下第七个太阳是如何出现的

然而,如果太阳出现在比 E 处还要低很多的位置,它的光线也会以直线穿过冰的底部到达眼睛 K 处,比如线 $S7K$,我认为它与 $S1$ 平行,则除了之前的六个太阳的像以外,我们会在它们下方看到第七个太阳,而这个像是最明亮的,将会消除其他太阳在日晷上的影子。以同样的方式,如果太阳出现在很高的地方,阳光可以以直线穿过冰的顶部到达眼睛 K 处,比如直线 $T8K$,平行于 $T3$,并且如果介于它们之间的云不会因浓厚不透明以至于阻隔光线,则我们可以在其他六个太阳之上看到第七个太阳。

 也可能出现三个太阳,一个在另一个之上,为什么更多的太阳就不会出现了

但是如果冰 123、冰 456 分别向更高和更低处延伸,比如到达点 8 和点 7 处,如果太阳位于 A 处,我们会在 E 处附近,也就是点 8、5、7 处,看到三个位于彼此顶部太阳的像。另外我们还可以在 D 处看到位于彼此顶部的三个太阳的像，在 F 处也有三个，因此总共将会出现多达十二个太阳，均被包围在白色环形光辉 DEF-GHI 之中（译者注：原作者可能希望读者结合图 28 和图 29 一起理解）。并且如果太阳稍稍位于 S 下方或者 T 上方，那么 E 处也将会出现三个太阳，其中两个位于白色环形之中，一个在其上方或下方。并且在往 D 的方向也会出现两个，F 方向也有两个。但是我不清楚是否真的有人同时看到过这么多的太阳，哪怕是当三个太阳位于彼此顶部出现的时候已发生过多次，是否有人注意到它们旁边是否有其他的像。抑或当三个太阳并排出现时也发生过多次，是否有人注意到它们的上方或下方是否有其他的像。这个问题的原因无疑是点 7 与点 8 之间冰的宽度一般与整个云的圆周的大小没有固定的比例。因此当冰能够足够大以便使眼睛得以辨别位于彼此顶部的三个太阳的像时，眼睛必须距离 E 处非常近。另外，为了能够使被折射向冰的厚度减薄得最为严重的 D 或 F 处的光线正确地到达眼睛，眼睛必须离得非常远。

几个此类幻影的解释，1629 年 3 月 20 日在罗马出现的五个太阳的观测记录

很少发生的是，云非常完整以至于我们可以同时观

察到多于三个太阳的像。然而,据说波兰国王在 1625 年[①]目击到多达六个太阳的像。而这仅仅是在德国蒂宾根大学的数学家观察到在此表示为 D、E、F、H[②] 的太阳的三年以后。数学家在他对它们的描述中尤其提到,位于被他称之为真太阳的中间 E 处太阳的旁边 D、F 两处的太阳是红色的,并且它们在另一侧是蓝色的。他还写道,第四个太阳 H 颜色苍白,隐隐能够看见,这相当有力地证明了我所说的。但是我所见过的最典雅、最引人注目的关于这个问题的观测是在 1629 年 3 月 20 日午后两至三个小时罗马同时出现的五个太阳。为使大家了解它是否符合我的论述,我希望在此用与其当年被公布时相同的术语描述一下(图 29)。

　　A 是一个罗马观测者,B 是观测者上方的一个顶点。C 是头顶上方在那个方向被观测到的太阳。AB 是一个垂直平面,在此可以找到观测者的眼睛和被观测到

---

　　① Ettore Lojacono(op. cit. p. 502)认为应该是 1525 年,此说是有道理的,因为有如下三个可能的出处:Vicomercato(Francisci Vicomercati…,in quatuor libros Aristotelis Meteorologicorum Commentarii,Venetiis,1565,p. 132 H);Gemma(Cornelius Gemma,De Naturae divinis characterismis et admirandis spectaculis,Antverpiane,1575,I. VIII. p. 214);特别是 Froidmond(L. Fromondus,Meteorologicorum libri sex. Antverpiae,1627,p,410).

　　② 图 29 中大圆圈的交叉处和 AB 线上都没有 H 字母,然而在下文引用中却有反映,即 GHI。Gassend 不再给出 H 这个字母,文字中用了 GKI。在 NP 尾部下用了字母 O,此图中没有字母 O。Beeckmann 给的图(Journal,tome IV. pp. 149. 151)更为完整,笛卡尔在此对描述内容用了"等等"做了简化,这种简化处理就可以使得完整的图的某些细节可以省略不用。而这些细节可参见其他地方(MS Dupuy 488. p. 169. à la Bibl. Nat. ,此出版物此时应已到巴黎,Costabel 所注,AT VI,p. 733)。

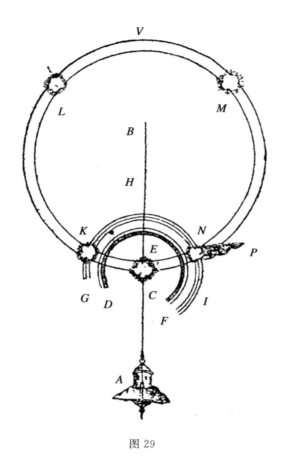

图 29

的太阳,同时顶点 B 也在此平面上,所有这些即为纵线
AB,因此整个平面沿此直线与地面垂直。太阳 C 周围
出现了两个不完整且颜色不一的日晕,与太阳同一圆
心。位于内部较小的日晕 DEF 还是不完整的,但是相
比之下较为完整,更确切地说,从 D 到 F 是开口的,自

身膨胀并不断尝试闭合。有时候它的确是闭合的,但是很快又再次张开。另一个更加暗淡几乎看不到的日晕就是 GHI,它存在于外层,为次生,然而它变化多端、颜色独特,但是它经常不稳定。第三个日晕只有一种颜色并且规模非常大,就是 KLMN。它完全是白色,就像经常在月球周围看到的晕一样。这是一个奇怪的弧,在最初与太阳中部相交的部分是完整的。但是向最后部分,从 M 到 N,变暗淡且变形,在底部则几乎不可见。另外,在此圆环与外层日晕 GHI 的重叠部分,出现了两个近日点 N 和 K(似太阳),后者较暗淡。然而 N 发光更加明亮辉赫。二者闪耀的中心就像太阳,但边缘都染上了彩虹的颜色。这些观测到的晕不是球形也没有明显界限,而是凹凸不平且布满缺口的。不稳定的像 N 发出密集且炽热的尾 NOP,其长度不断变化。穿过顶点 B 的 L 和 M 不如前者 N 和 K 剧烈,但是更加圆而且是白色,正如类似于它们所分割的它们自己的晕,散发出乳白色或纯银色光,尽管中间第三个 M 现在几乎消失,紧接着只留下自身模糊的痕迹,实际上,这个晕已经从那部分消失了。太阳 N 早于太阳 K 变暗淡,当太阳 N 逐渐暗淡并消失的时候,太阳 K 则是逐渐明亮,并且 K 是所有太阳的像当中最后一个消失的。

C、K、L、M、N 是我们所看到的五个太阳所在的白色环形光辉,如果观测者位于 A 处的话则有必要这样描述它,这个环形位于在观测者上方的空中,因此点 B 直接位于其头的正上方,当他转向其他三个太阳 K、C、N 时,L 和 M 两个太阳就位于其双肩之上。K 和 N 的边缘被着色,并且不如 C 处的太阳圆和明亮,这表明它们是由折射产生的。然而 L 和 M 的确相当圆,但不是十分明亮且都是白色,其边缘也没有其他颜色的混入,这表明 L 和 M 是由反射产生的。

 为什么在前面罗马的例子中没有出现六个太阳

很多因素可以阻碍第六个太阳出现在 V 处,其中最有可能的是眼睛距离它太近,由于云的高度,所有在 V 处落在冰上的光线都会比在点 A 被反射得更远。考虑到它们肯定会出现的位置,虽然点 B 在此并不表示它距离太阳 L 和 M 与距离云的中心同样近,但这并不阻碍它们遵循我所提出的规律,即出现在该出现的位置。对于观测者来说,由于距离弧 $\overgroup{LVM}$ 比距离环形的其他部分近,因在与其他部分相比之下必然会将其估计得比实际要大。除此之外,这些云无疑都不会完全是圆形的,尽管看起来是。

为什么其中的一个太阳拖着很长的光尾并且经常变换形状

但是这里仍有两个相当明显的现象。第一个就是太阳 N 在向落日转变的过程中，由于落日变化无常的形状，而抛出密集的尾火 NOP，时而长、时而短。这无疑是由于太阳的像在 N 处变形且不规律，正如我们经常看到它位于涟漪的水中或者隔着表面不平的玻璃片看它。因为冰在那个位置被轻微的扰动，并且其表面由于已开始融化而变得不平整，正如已得到证明的：白色的圆环光辉已被破坏并且在 M 和 N 之间出现空洞，太阳 N 早于太阳 K 消失，而太阳 K 似乎随着其他太阳的暗淡而逐渐增强。

 为什么会有两个光环出现在主太阳周围，为什么其他太阳周围不会如此

第二个值得在此提出注意的现象就是太阳 C 有两个与彩虹相同颜色日晕，内部的 DEF 比外部的 GHI 更加清晰明显，因此我不怀疑它们是以我刚才所讲的方式由折射所产生的，此折射不是发生在太阳 K 和 N 所在的连续的冰中，而是在位于其上方或下方的另一个被分割成许多小颗粒的冰中。因为能够组成云外部部分完整冰晶圆环的原因，很有可能已布排了其他相邻的圆环以便使晕得以出现。因此当我们看到很多太阳像的时候我们观察不到这两个日晕,因为云的厚度不总是能够延伸到围绕着它的冰环之外,或者因为云过于晦暗不透明以至于我们不能透过它看到日晕。

这些光环的位置和假太阳的位置无关,只由主太阳本身的位置决定

至于在什么位置这些日晕能够可见,结论总是在真正的太阳周围,日晕与那些太阳所成的像毫无关系。尽管太阳 K 和 N 的像在外层日晕同白色环形光辉的相交处相遇,但是这只属偶然,我相信这只有在罗马能够观测到,如果稍稍偏离罗马一些距离的话,相同的事情则不会发生。

太阳并不总在这些光环的中央,而且有可能会有两个光环,其中一个在另一个内部,但圆心不在一点

因此,我并不认为它们的中心总是在从眼睛到太阳的直线上,不像彩虹的中心那样精确。有这样一个不同:圆形的水滴不论何种环境下都可以产生相同的折射,然而平面的冰晶其折射随着其倾斜角度的增大而逐渐增大。当它们由风在云的周边转向而形成的时候,它们必然会以不同于当其形成于云的上方或下方时的排

列方式排列。因此我们可以看到两个日晕,一个在另一个的里面,它们几乎相同大小,但是没有精确重合的共同中心。

 和天气相关的其他一些奇异的幻影出现的原因

另外除了围绕这片云的风以外,还有一阵从其上方或下方通过的风,这也再次导致一些冰的表面产生,从而引起这种现象的其他形式。并且如果雨水从云中降落的话,周围的云也能如此。对于光线,它们从这些云中的冰晶反射到水滴,将会组成彩虹的一部分,并且其位置多变。因此不仅是位于这片云之下的观测者,而且位于几片云中间的观测者,也能够看到其他环形光辉和其他太阳。关于这一点,我认为没必要向大家再多介绍,因为我希望已经理解我以上所有论述的人们,将来不会遇到任何有关于云的他们无法理解的问题,也不会对有关于云的任何现象感到惊奇。

内容索引 ^①

第一章　陆上物体的本质

---

　　① 　标题根据作者原著所列标题翻译,少数标题因为对应著作内容太少而没有翻译。原标题对应著作的页码也作删除。

第四章　论风

第九章　云的颜色和星体周围时而出现的光晕

后 记

　　1637 年,笛卡尔用法文写成《科学中正确运用理性和追求真理的方法论》,哲学史上简称为《方法论》。《方法论》正文很短,只有两万来字,商务印书馆已有中译本,其三个附录是三篇论文《折光学》《几何学》和《气象学》,法语原著名是:DISCOURS DE LA MéTHODE Pour bien conduire sa raison, et chercher la vérité dans les sciences plus La Dioptrique, Les Météores et La Géométri,其中,《几何学》最为著名,它确定了笛卡尔在数学史上的地位;《折光学》在科学史上的影响也十分深远,相比前面两个附录,《气象学》一篇对科学界影响似乎相对有限。

　　译者认为附录中 Les Météores 对于气象部门科技工作者有特殊意义,按著作原意进行翻译,定名为《笛卡尔论气象》。图片按法文原著图片绘制。各章原著中都有小标题,但是作者没有明确写在文中位置,而是作为附录辑在一起,为便于读者理解,译者根据内容把这些标题翻译出来尽量插入对应译文中,便于读者阅读。少数标题由于对应原著文字内容太少就没有翻译。

　　感谢中国气象局"气象科技史研究"项目的扶持,感谢中国气象局副局长许小峰先生作序,中国气象局华风集团、中国气象报社、中国气象局办公室、中国气象局科技司在气象科技史研究中给予莫大的经费和道义支持,特别感谢中国气象局气象干部培训学院的支持,高学浩、肖子牛、王邦中、李洪臣等先生予以极大关怀和指导,中国地质大学(北京)杨桂芳教授及其研究生朱鹏程和朱暮村在搜集资料和初稿编译中做了很多工作。

还要感谢傅雷资金资助。

由于翻译水平和对笛卡尔原著思想理解能力有限,难免存在不少错误,对于笛卡尔这样哲学大家思想的理解肯定也有很不到位的地方,敬请读者批评指正。希望这本译著能对气象科学技术发展有所促进。

译者
2016 年 9 月